JN096892

ステップ 1

（1）$-13+6$

（2）$2-5+7$

（3）$6+(-19)$

（4）$(-7)-(-4)+11$

（1）
（2）
（3）
（4）

ステップ 2

（1）-4 の絶対値を答えなさい。

（2）絶対値が 3 以下の整数はいくつあるか。

（3）0，1.2，-2，13 の 4 つの数のうち自然数はどれか。

（4）-1.3 より大きく2.7 より小さい整数をすべて書きなさい。

（1）
（2）
（3）
（4）

ステップ 3

（1）$\dfrac{1}{2}+\dfrac{2}{3}$

（2）$-\dfrac{1}{2}-\left(-\dfrac{3}{8}\right)$

（3）$-\dfrac{2}{3}\times\dfrac{3}{5}$

（4）$0.2\times(-0.3)$

（5）$\dfrac{5}{6}\div\left(-\dfrac{10}{3}\right)$

（6）$\dfrac{4}{3}\div\left(-\dfrac{4}{3}\right)\div\dfrac{3}{5}$

（1）
（2）
（3）
（4）
（5）
（6）

（1）$4 + (-2) \times 3$

（2）$4x + 7x - 10x$

（1）
（2）
（3）
（4）
（5）
（6）

（3）$-(a^2 - 3a + 5) - (2a^2 + 2a - 8)$

（4）$xy \div x \times y$

（5）$a^2 - 9a^2 \div 3$

（6）$6x^2 \div 3x^2 \times 7x^2$

ステップ 5

（1）$(12x^2 + 9x) \div 3x$

（2）$\frac{x+y}{2} - \frac{x-y}{3}$

（1）
（2）
（3）
（4）
（5）
（6）

（3）$(x + 2)(x - 3)$

（4）$(2x - 3y)^2$

（5）$(x + 5)(x - 5)$

（6）$\left(x + \frac{1}{2}\right)\left(x + \frac{1}{3}\right)$

（1）$2\sqrt{3} + \sqrt{27}$ （2）$2\sqrt{3} \times 3\sqrt{3}$

（3）$3\sqrt{2} \times 2\sqrt{6} \div 3\sqrt{3}$ （4）$\dfrac{1}{\sqrt{3}} + \dfrac{1}{\sqrt{6}}$

（5）$\sqrt{\dfrac{3}{2}} - \sqrt{\dfrac{2}{3}}$ （6）$\dfrac{9}{\sqrt{3}} - \sqrt{27} \times 2$

（1）	
（2）	
（3）	
（4）	
（5）	
（6）	

ステップ7

（1）$\left(1 - \sqrt{2}\right)^2$ （2）$\left(\sqrt{80} - \sqrt{20}\right) \div \sqrt{5}$

（3）$\left(\sqrt{3} - 5\right) \div \dfrac{1}{\sqrt{6}}$ （4）$4(x - 3) = 2x - 2$
　　　　　　　　　　　　　　　を解きなさい。

（1）	
（2）	
（3）	
（4）	
（5）	
（6）	

（5）$0.6x + 4 = 0.1x + 11$ を解きなさい。

（6）$y = 3x - 2$ を x について解きなさい。

ステップ8　次の自然数を，素因数分解しなさい。

（1）24　　　　　　（2）60　　　　　　（3）252

（1）	
（2）	
（3）	

ステップ9　次の問いに答えなさい。

（1）10以下の素数の和を求めなさい。

（1）	
（2）	

（2）次の数の中から素数であるものをすべて選びなさい。

11, 21, 31, 42, 47, 59, 63, 77, 84, 91

ステップ10　次の数の大小を，不等号を使って表しなさい。

（1）6 , $\sqrt{41}$　　　　　　（2）-3 , $-\sqrt{10}$

（3）$\sqrt{0.4}$, 0.4　　　　　（4）$\sqrt{\dfrac{3}{5}}$, $\dfrac{3}{\sqrt{5}}$

（1）	
（2）	
（3）	
（4）	

ステップ11

　右の表はA～Eの5人の生徒の数学のテストの得点について，基準にした得点との違いを表してます。これについて，あとの問いに答えなさい。

生徒	A	B	C	D	E
基準との差(点)	-6	$+18$	$+5$	-11	-16

（1）Cの得点はAの得点より何点高いですか。

（1）	

（2）5人の平均点が68点でした。このとき，基準にした得点を求めなさい。

（2）	

（ 1 ） $-9 - 3 + 6$

（ 2 ） $4 + (-5) \times 2$

（ 3 ） $\dfrac{5}{6} - \dfrac{3}{4}$

（ 4 ） $\dfrac{3}{8} \div \dfrac{15}{28}$

（ 5 ） $\sqrt{32} - \sqrt{18}$

（ 6 ） $\sqrt{5} \times \sqrt{8} - \sqrt{10}$

（ 7 ） $\left(\sqrt{5} - \sqrt{2}\right)^2$

（ 8 ） $3(x - 3) + (2x + 1)$

（ 9 ） $6(x - 3) = 2x - 6$ を解きなさい。

（10） $y = \dfrac{2x+8}{3}$ を x について解きなさい。

（11）「210」を素因数分解しなさい。

（12）次の数の大小を，不等号を使って表しなさい。

$$\sqrt{\dfrac{3}{7}}, \ \dfrac{3}{\sqrt{7}}, \ \dfrac{\sqrt{3}}{7}$$

（ 1 ）	（ 2 ）	（ 3 ）	（ 4 ）
（ 5 ）	（ 6 ）	（ 7 ）	（ 8 ）
（ 9 ）	（10）	（11）	（12）

ステップ1

（1）百の位が a，十の位が b，一の位が 3 である 3 けたの
　　自然数を a,b を用いて表しなさい。

(1)

（2）家から a km 離れた学校に行くのに，時速 4 km で歩いて
　　b 分かかった。a,b の関係を式で表しなさい。

(2)

（3）ある整数 P を 7 で割ると，商が m で余りが 3 であった。
　　このとき P を m の式で表しなさい。

(3)

ステップ2

（1）$a = -2$ のとき，$-3a-2$ の値を求めなさい。

(1)

（2）$a = -3$ のとき，$6a^2 + 5a$ の値を求めなさい。

(2)

（3）$x = 3$，$y = -7$ のとき，$x^2 - xy - y^2$ の値を求めなさい。

(3)

ステップ3

（1）ある数 x の 6 倍から 3 を引いた数は，x の 4 倍と 11 との
　　和に等しい。ある数 x を求めなさい。

(1)

（2）アメを何人かの子どもで分ける。1 人 3 個ずつ分けると
　　13 個余り，1 人 4 個ずつ分けると 5 個足りない。子どもの
　　人数とアメの数を求めなさい。

(2) 子ども
アメ

（1）連続する3つの整数の和が216である。この3つの
　　整数をすべて求めなさい。

（1）

（2）正方形の縦の長さを4cm短くし，横を3cm長くした
　　長方形を作ったら、面積が44cm²になった。元の正方形
　　の1辺の長さを求めなさい。

（2）

（3）あるイベントへの昨年の参加者は男子 a 人，女子25人
　　だった。今年の参加者は男子が20%増え，女子が4%減少し，
　　合計で60人だった。昨年の男子の参加者の人数を求めなさ
　　い。

（3）

ステップ5

（1）63にできるだけ小さい自然数をかけてある数の2乗に
　　なるようにしたい。どんな自然数をかければよいか。

（1）

（2）$\sqrt{6} = 2.45$ として，$\sqrt{150}$ の値を求めなさい。

（2）

（3）$x = \sqrt{2} + \sqrt{3}$，$y = \sqrt{2} - \sqrt{3}$ のとき $x^2 - y^2$ の値を求めなさい。

（3）

（4）$\sqrt{\dfrac{18}{n}}$ が整数となるような自然数 n をすべて答えなさい。

（4）

次の連立方程式を解きなさい。

（1）$\begin{cases} 2x + 3y = 13 \\ x - 2y = -4 \end{cases}$ （2）$\begin{cases} 3x + y = -2 \\ x - y = -10 \end{cases}$

（1）$(x,y)=$
（2）$(x,y)=$
（3）$(x,y)=$
（4）$(x,y)=$
（5）$(x,y)=$

（3）$\begin{cases} -4x - 3y = -1 \\ 3x - 2y = 5 \end{cases}$ （4）$\begin{cases} x - 3y = 6 \\ y = x - 4 \end{cases}$

（5）$\begin{cases} \dfrac{3}{2}x + \dfrac{2}{3}y = 2 \\ -3x - 4y = 12 \end{cases}$

ステップ7 次の方程式，連立方程式を解きなさい。

（1）$x + 2y = 3x + y = -5$ （2）$x + 2y = -3x - 4y = -1$

（1）$(x,y)=$
（2）$(x,y)=$
（3）$(x,y)=$
（4）$(x,y)=$
（5）$a=$
$b=$

（3）$\begin{cases} 0.2x - 0.3y = -1.1 \\ 0.1y = 0.4x + 1.7 \end{cases}$ （4）$\begin{cases} 0.2x - 0.5y = 2 \\ x + 2y = 1 \end{cases}$

（5）下の連立方程式の解が$(x,y)=(-3,4)$のとき，a,bの
値を求めなさい。

$\begin{cases} ax + 5y = -1 \\ -2x + by = 2 \end{cases}$

合格・数学

ステップ8　次の式を因数分解しなさい。

（1）$x^2 + 10x + 16$　　　　　　（2）$a^2 + a - 20$

（1）	
（2）	

（3）$x^2 - 9x + 18$　　　　　　（4）$-3ax^2 + 6ax - 3a$

（3）	
（4）	

（5）$a^2 - 25$　　　　　　（6）$9x^2 - 16y^2$

（5）	
（6）	

（7）$9a^2 - 24ab + 16b^2$　　　　　　（8）$a^2 - \dfrac{1}{4}b^2$

（7）	
（8）	

（9）$(x + 3)^2 + 6(x + 3) + 8$　　　　　　（10）$4a^2 - 28a - 72$

（9）	
（10）	

ステップ9　次の二次方程式を解きなさい。

（1）$x^2 - 2x - 24 = 0$　　　　　　（2）$x(x + 4) = -4$

（1）	
（2）	

（3）$4x^2 = 36$　　　　　　（4）$x^2 + 36 = 13x$

（3）	
（4）	

（1）1 個 90 円のリンゴと 1 個 120 円のモモをあわせて
　　11 個買い，代金は 1140 円でした。リンゴとモモそれ
　　ぞれ何個ずつ買ったか。

（1）リンゴ
モモ

（2）ある水族館の入館料は，大人 3 人と子ども 7 人で
　　4600 円，大人 6 人と子ども 3 人で 4800 円だった。
　　この水族館の大人 1 人の料金と子ども 1 人の料金は
　　それぞれいくらか。

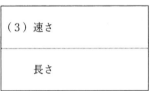

（3）ある列車が 2050 m の鉄橋を渡り始めてから渡り終わ
　　るまでに 55 秒かかった。また，2730 m のトンネルに入
　　り始めてから出てしまうまでに 72 秒かかった。この列
　　車の速さと長さを求めなさい。

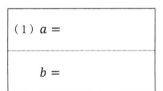

ステップ 11　次の問いに答えなさい。

（1）二次方程式 $x^2 + ax + b = 0$ の解が 5 と −6 のとき，
　　a と b の値をそれぞれ求めなさい。

（1）$a =$
$b =$

（2）右の図のように，縦 12 m，横 15 m の長方形の畑に，
　　幅が一定の道を縦，横につくり，残った畑の面積が 108 m²
　　になるようにする。このとき道幅は何 m にすればよいか。

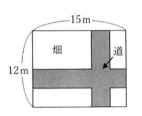

（2）

（1）現在Aさんの年齢は 8 歳で，Aさんの
　　 父親の年齢は 38 歳である。父親の年齢が
　　 Aさんの年齢の 4 倍になるのは何年後か。

（2）連立方程式 $\begin{cases} x + 2y = -5 \\ 8x + 3y = -1 \end{cases}$
　　 を解きなさい。

（3）$\sqrt{5}$ =2.24 として，$\sqrt{180}$ の値を求め
　　 なさい。

（4）$x^2 - 6x - 27$ を因数分解しな
　　 さい。

（5）二次方程式 $(x - 3)^2 + 2(x - 3) - 63 = 0$ を解きなさい。

（6）Bさんの家からバス停までとバス停から学校までの道のりの合計は 4000 m である。
　　 Bさんは家からバス停まで歩き，バス停で 3 分待ち，バスに乗って学校に向かった。
　　 学校には家を出てから 20 分後についた。Bさんの歩く速さは毎分 80 m，バスの速さ
　　 は毎分 300 m でそれぞれ一定であったとき，バス停から学校までの距離を求めなさい。

（7）横が縦より 5 cm 長い長方形の紙がある。この紙の 4 隅
　　 から 1 辺が 3 cm の正方形を切り取り，直方体の容器をつ
　　 くったところ，容積が 252 cm³ になった。はじめの紙の
　　 縦の長さを求めなさい。

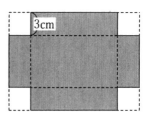

（1）	（2）	（3）	（4）
（5）	（6）	（7）	

比 例 と 反 比 例

（1）y は x に比例し，比例定数は 2 である。
このとき y を x の式で表しなさい。

（1）

（2）y は x に比例し，$x = 3$ のとき $y = -18$ である。
このとき y を x の式で表しなさい。

（2）

（3）y は x に比例し，$x = -6$ のとき $y = 54$ である。
$x = \dfrac{1}{3}$ のときの y の値を求めなさい。

（3）

ステップ2

（1）y は x に反比例し，比例定数は 5 である。
このとき y を x の式で表しなさい。

（1）

（2）y は x に反比例し，$x = 4$ のとき $y = -\dfrac{1}{2}$ である。
$x = 2$ のときの y の値を求めなさい。

（2）

（3）下図は反比例のグラフである。x と y の関係を式に表しなさい。

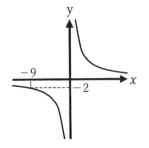

（3）

ステップ3   次の比例式を解きなさい。

（1）$x : 4 = 12 : 16$ （2）$10 : 3 = x : 9$

（1）	
（2）	

（3）$x : (x - 2) = 4 : 3$ （4）$8 : (x + 3) = 6 : x$

（3）	
（4）	

ステップ4

（1）500 g が 110 円の砂糖を 300 g 買ったときの代金を求めなさい。

（1）	

（2）兄は 3500 円，弟は 2700 円持っていました。2人とも同じ
　　本を買ったので，兄と弟の残金の比は 2：1 になりました。
　　このとき買った本の値段を求めなさい。

（2）	

（3）姉の所持金と妹の所持金の比は 6：5 で，2人合わせて 9900
　　円持っています。妹の所持金はいくらか求めなさい。

（3）	

（4）赤玉と白玉の個数の比は7：4で，赤玉のほうが白玉よりも
　　18 個多いとき，赤玉と白玉の個数をそれぞれ求めなさい。

（4）赤玉	
白玉	

合格・数学

（1） $x : 8 = 18 : 24$ を解きなさい。　　　　（2） $3 : 1 = (x + 5) : (x - 1)$ を解きなさい。

（3）レモン汁が 100ml，水が 160ml あります。このレモン汁と水を同じ量ずつ増やし，

レモン汁と水の量が 2 : 3 のレモン水をつくるとき，この 2 つを何 ml 増やせばよいか。

（4）下のようにつり合っているてんびんがあります。このときの y の長さを求めなさい。

ただし，棒やひもの重さは考えないものとする。

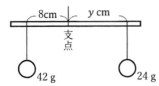

（5） $y = -\dfrac{4}{x}$ のグラフを解答欄に書きなさい。

（1）	（2）
（3）	（4）

（5）

ステップ1

（1）一次関数 $y = -2x + 3$ のグラフの傾きと切片を求めなさい。

（1）傾き
切片

（2）傾きが $\dfrac{3}{2}$ で，点（4，11）を通る直線の式を求めなさい。

（2）

（3）2点（3，3），（6，2）を通る直線の式を求めなさい。

（3）

（4）直線 $y = 4x - 1$ に平行で，点（2，15）を通る直線の式を求めなさい。

（4）

ステップ2　次の一次関数を求めなさい。

（1）変化の割合が 3 で，$x = -3$ のとき $y = 2$ である。

（1）

（2）変化の割合が $-\dfrac{1}{4}$ で，点（8，−1）を通る。

（2）

（3）x の増加量が 2 のときの y の増化量が −6 で，$x = 7$ のとき $y = -11$ である。

（3）

（4）グラフが 2 点（−2，1），（4，4）を通る直線である。

（4）

ステップ3

（1）一次関数 $y = 2x - 1$ について，x の変域が $2 \leqq x \leqq 5$ のとき y の変域を求めよ。

（1）

（2）一次関数 $y = -\dfrac{2}{3}x - 5$ について，x の変域が $-6 \leqq x \leqq 3$ のとき y の変域を求めよ。

（2）

（3）直線 $y = -x + 3$ と $y = 3x - 5$ の交点の座標を求めよ。

（3）

ステップ4

右の図において、$y = x + 5$ と $y = -x + 5$ の交点を A，$y = x + 5$ と x 軸との交点を B，$y = -x + 5$ と x 軸との交点を C としたとき，あとの問いに答えよ。

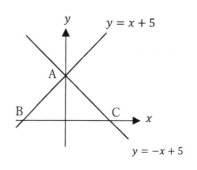

（1）点 A の座標を求めよ。

（2）点 B，点 C の座標をそれぞれ求めよ。

（1）
（2）B
C
（3）

（3）△ABC の面積を求めよ。

16

右の表はろうそくに火をつけてから x 分後のろうそく
の長さを y cm として x と y の関係を表したものである。
ろうそくは一定の長さで短くなるとして，あとの問い
に答えなさい。

x 分後	3	6	9
y cm	16	14	12

（1）火をつける前のろうそくの長さは何 cm か。

（1）	
（2）	
（3）	

（2）1分間でろうそくの長さは何 cm 短くなるか。

（3）ろうそくがすべて燃えてなくなるのは，火をつけてから何分後か。

右の図のような長方形 ABCD の周上を点 P は毎秒 1 cm
の速さで B から C, D を通って A まで移動します。P が B
を出発してから x 秒後の △ABP の面積を y cm² として x
と y の関係を式に表しなさい。

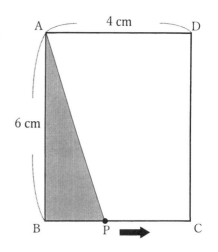

（1）点 P が辺 BC 上にあるとき（$0 \leqq x \leqq 4$）

（2）点 P が辺 CD 上にあるとき（$4 \leqq x \leqq 10$）

（3）点 P が辺 DA 上にあるとき（$10 \leqq x \leqq 14$）

（1）	
（2）	
（3）	

17

（1）変化の割合が -3 で，$x = 6$ のとき $y = 2$ である一次関数の式を求めなさい。

（2）グラフが2点 $(2, 8)$，$(-6, 0)$ を通る一次関数の式を求めなさい。

（3）右の図で $y = -x + 5$ と y 軸との交点を A，$y = \frac{1}{2}x - 4$ と y 軸の交点を B，$y = -x + 5$ と $y = \frac{1}{2}x - 4$ の交点を C としたとき，△ABC の面積を求めなさい。

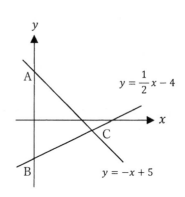

（4）A さんは学校から家に帰る途中，公園で少し休憩してから帰った。右のグラフは A さんが学校を出発してから x 分後にいる地点から家までの距離を y m として表したグラフである。

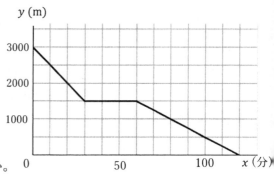

① A さんが公園で休んでいた時間は何分か。

② A さんが学校を出てから 90 分後にいる地点から家までの距離は何 m か。

(1)	(2)	(3)
(4) ①	②	

18

合格・数学

関 数 ②

ステップ1

（1）関数 $y = ax^2$ で，$x = 2$ のとき $y = 20$ である。
　　a の値を求めなさい。

（1）

（2）y は x の2乗に比例し，$x = 4$ のとき $y = 8$ である。
　　y を x の式で表しなさい。

（2）

（3）1辺が $2x$ cm の正方形の面積を y cm² とするとき，
　　y を x の式で表しなさい。

（3）

ステップ2

（1）関数 $y = x^2$ で，x の変域が $3 \leqq x \leqq 6$ のときの
　　y の変域を求めなさい。

（1）

（2）関数 $y = x^2$ で，x の変域が $-2 \leqq x \leqq 4$ のときの
　　y の変域を求めなさい。

（2）

（3）関数 $y = -\frac{1}{2}x^2$ で，x の変域が $-4 \leqq x \leqq 2$ のときの
　　y の変域を求めなさい。

（3）

ステップ3

（1）関数 $y = x^2$ で x の値が1から3まで増加するときの
　　変化の割合を求めなさい。

（1）

（2）関数 $y = -2x^2$ で x の値が3から6まで増加するときの
　　変化の割合を求めなさい。

（2）

合格・数学

（1）下図のように $y = x^2$ のグラフに 2 点 A, B がある。

この A, B を通る直線の式を求めなさい。

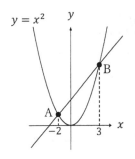

（1）

（2）下図のように $y = -x^2$ のグラフに 2 点 A, B がある。

この A, B を通る直線の式を求めなさい。

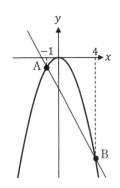

（2）

（3）下図のように，関数 $y = ax^2$ のグラフと $y = mx + 4$ の

グラフが 2 点 A, B で交わっている。点 A の座標が $(-4, 8)$

であるとき，点 B の座標を求めなさい。

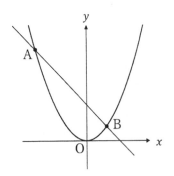

（3）

右の図は、関数 $y = x^2$ と $y = -x + 6$ のグラフで、A、B はそれぞれ交点である。あとの問いに答えよ。

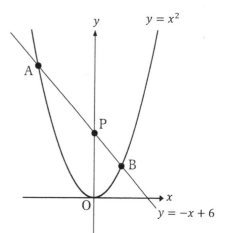

（1）点 A の座標を求めよ。

（2）点 B の座標を求めよ。

（3）△OAP の面積を求めよ。

（4）△OBP の面積を求めよ。

（1）	
（2）	
（3）	
（4）	
（5）	

（5）△OAB の面積を求めよ。

右の図は，関数 $y = \dfrac{1}{2}x^2$ と $y = 2x + 6$ の
グラフで，A、B はそれぞれ交点である。
あとの問いに答えなさい。

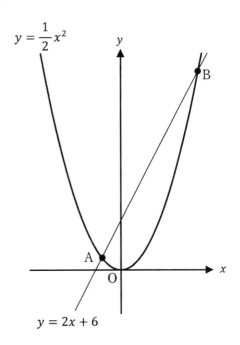

（1）関数 $y = \dfrac{1}{2}x^2$ について，
  x の変域が$-4 \leqq x \leqq 2$のとき，
  y の変域を求めなさい。

（2）関数 $y = \dfrac{1}{2}x^2$ について、
  x の値が-2から8まで増加
  するときの変化の割合を求めなさい。

（3）点 A の座標を求めなさい。

（4）点 B の座標を求めなさい。

（5）△OAB の面積を求めなさい。

（1）	
（2）	
（3）	
（4）	
（5）	

合格・数学

資 料 の 活 用

ステップ1

右の表は，あるクラスの通学時間について まとめたものである。これについて，あとの問いに答えなさい。

階級（分）	度数（人）	相対度数	累積度数(人)	累積相対度数
以上 未満 5 ～ 9	2	0.05	2	0.05
9 ～ 13	8	（イ）	10	0.25
13 ～ 17	14	（ウ）	（エ）	0.60
17 ～ 21	12	0.30	36	（オ）
21 ～ 25	（ア）	0.10	40	1.00
計	40	1.00		

（1）右の表の（ ア ）～（ オ ）をうめなさい。

（2）度数が最も多い階級はどれか。

（3）通学時間が 13 分以上の生徒は全体の何％か。

（4）このクラスで通学時間が 30 番目に短い生徒は，何分以上何分未満だと考えられますか。

(1) ア	
イ	ウ
エ	オ
(2)	
(3)	
(4)	

ステップ2

右の表は 10 人の男子の走り幅跳びの記録(cm)である。これについて，あとの問いに答えよ。

225 , 456 , 398 , 222 , 336

294 , 320 , 433 , 316 , 410

（1）この 10 人の中央値を求めよ。

（2）この 10 人の平均値を求めよ。

(1)	
(2)	

右の資料は，あるクラスの3年生14人が，ある週の1週間で行った家庭学習の学習時間を表している。これについて，あとの問いに答えなさい。

学習時間（単位は時間）

> 7,　2,　11,　10,　8,
> 7,　1,　5,　4,　12,
> 10,　9,　14,　2,

（1）このクラスのデータの第1四分位数を求めなさい。

（1）

（2）このクラスのデータの第2四分位数を求めなさい。

（2）

（3）このクラスのデータの第3四分位数を求めなさい。

（3）

（4）このクラスのデータの四分位範囲を求めなさい。

（4）

右の2つの図は，あるクラスの生徒の英語と数学の得点のデータを箱ひげ図で表したものである。これについて述べた（1）～（3）で，この図から読み取れることとして正しいものには○，正しくないものには×を，このデータからはわからないものには△を書きなさい。

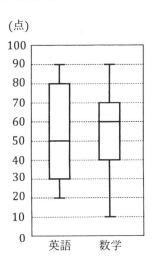

（1）英語と数学の最高得点は同じである。

（2）英語より数学の方が75点以上をとった人の割合が多い。

（3）数学のテストで50点以上とった生徒は半分以上いる。

（1）
（2）
（3）

Ⅰ 　右の表はあるクラスのハンドボール投げの記録である。
　　記録はすべて整数値であったとして，あとの問いに答えなさい。

階級（m）	度数（人）
以上　　未満	
10 ～ 16	2
16 ～ 22	7
22 ～ 28	10
28 ～ 34	6
計	25

（1）16m 以上 22m 未満の階級の相対度数を求めなさい。

（2）この中で中央値が含まれているのはどの階級か。

（3）記録が 28m 未満の生徒は何%を占めているか求めなさい。

（4）このクラスに考えられる，最小の平均値を求めなさい。

Ⅱ 　下の表は，あるクラスの生徒 20 人で数学のテストを行い，その得点の分布を箱ひげ
　　図に表したものである。この図から読み取れるものとして正しいものを，次のア～オ
　　の中からすべて選び，記号で答えなさい。

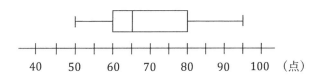

　ア　数学テストの最高点と最低点の差（範囲）は 45 点である。
　イ　数学のテストの平均点は 65 点である。
　ウ　この数学のテストではみんな 50 点以上とっている。
　エ　このクラスの生徒の半数以上が 60 点以上とっている。
　オ　この数学のテストでは 60 点以上をとった生徒が 15 人以上いる。

Ⅰ（1）	（2）	（3）	（4）
Ⅱ			

確 率

ステップ1　さいころの目の出かたは同様に確からしいとして，あとの問いに答えなさい。

（1）1つのサイコロを投げるとき，目の出方は何通りあるか。

（1）

（2）1つのサイコロを投げるとき，3の目が出る確率を求めなさい。

（2）

（3）（2）の確率とはどのような意味か。正しいものを選びなさい。

　　　ア　サイコロを6回投げたら3が必ず1回出る。
　　　イ　サイコロを6回投げたらすべての数が1回ずつ出る。
　　　ウ　サイコロを600回投げると100回くらい3が出る。

（3）

ステップ2　コイン，カードの出かたは同様に確からしいとして，あとの問いに答えなさい。

（1）2枚のコインを投げたとき，どちらも裏が出る確率を求めなさい。

（1）

（2）ジョーカーを除いた1組52枚のトランプから1枚カードを
　　　引くとき，スペードのカードを引く確率を求めなさい。

（2）

（3）A, B, C, D の4人から2人の代表者を選ぶとき，
　　　選び方は全部で何通りあるか。

（3）

（4）（3）の4人から部長と副部長を選ぶときの選び方は
　　　全部で何通りあるか。

（4）

合格・数学

カードの出かたは同様に確からしいとして，あとの問いに答えなさい。

（1） 1 , 2 , 3 , 4 の4枚のカードがあります。このカードのうち，2枚を並べてできる2桁の整数は何通りあるか。

（2）（1）の4枚のカードから2枚を並べて2桁の整数をつくるとき，その整数が偶数になるのは何通りあるか。

（2）

（3） 0 , 3 , 6 , 7 の4枚のカードがある。このカードのうち，2枚を並べてできる2桁の整数は何通りあるか。

（3）

ステップ4 硬貨，くじの出かたは同様に確からしいとして，あとの問いに答えなさい。

（1） 3枚の硬貨を投げて少なくとも1枚は表が出る確率を求めなさい。

（1）

（2）5本のうちあたりが2本入っているくじがある。このくじをA，Bの2人が順番にひくとき，2人ともあたりをひく確率を求めなさい。

（2）

ステップ5 硬貨の出かたは同様に確からしいとして，あとの問いに答えなさい。

数直線の原点にPがあります。硬貨を1枚投げて，表が出るとPは数直線上を正の方向に1進み，裏が出ると負の方向に1だけ進みます。硬貨を3回投げたとき，点Pが−1の位置にある確率を求めなさい。

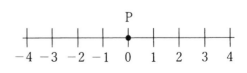

Ⅰ　さいころ，玉，カードの出かたは同様に確からしいとして，あとの問いに答えなさい。

（1）大小2つのサイコロを同時に投げるとき，出る目の数の和が8になる確率を求めなさい。

（2）赤玉が3つ，黒玉が2つ，白玉が1つ入った袋がある。この中から2個同時に玉を取り出すとき，取り出した2つが赤と白である確率を求めなさい。

（3）[1]，[2]，[3]，[4]，[5] の5枚のカードを裏返してよく混ぜ，そこから2枚同時にひくとき，カードの積が偶数になる確率を求めなさい。

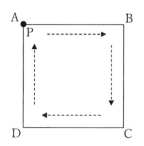

Ⅱ　右の図のように，正方形ABCDの頂点Aの位置に点Pがあります。いま，サイコロを1回投げるごとに，出た目の数だけ点Pを時計回りに正方形の頂点上を順に進めるとします。このとき，あとの問いに答えなさい。

（1）さいころを1回投げるとき，点Pが頂点Bにある確率を求めなさい。

（2）さいころを2回投げたとき，1回目に3，2回目に6の目が出ました。このとき，点Pはどの頂点の上にありますか。

（3）さいころを2回投げるとき，点Pが頂点Aにある確率を求めなさい。

Ⅰ（1）	（2）	（3）
Ⅱ（1）	（2）	（3）

平面図形

ステップ1 （1）〜（4）を作図しなさい。

（1）線分 AB の垂直二等分線

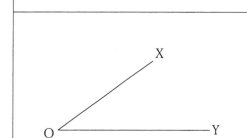

（2）∠XOY の二等分線

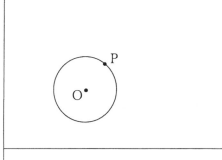

（3）点 P における円 O の接線

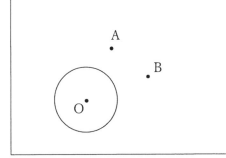

（4）円 O の周上にあって,AP=BP となる点 P

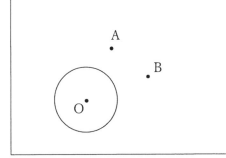

合格・数学

ステップ2

（1）半径3cmの円の面積を求めなさい。

（1）

（2）半径6cm，中心角45°のおうぎ形の面積を求めなさい。

（2）

（3）半径が6cm，弧の長さが2πcmであるおうぎ形の
　　　中心角の大きさを求めなさい。

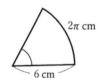

（3）

ステップ3

（1）1辺が8cmの正方形の内側にかかれた色のついた部分の面積を求めなさい。

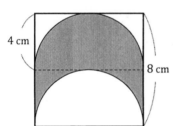

（1）

（2）半径4cmの半円の色を付けた部分の面積を求めなさい。

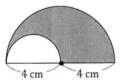

（2）

合格・数学

（1）半径 7 cm の円の面積を求めなさい。　　　（2）直径 6 cm の円の面積を求めなさい。

（3）半径 4 cm，中心角 135° のおうぎ形の弧の長さを求めなさい。

（4）半径 12 cm，弧の長さ 3π cm のおうぎ形の中心角の大きさを求めなさい。

（5）1 辺が 4 cm の正方形の内側にかかれた右のような図で，影をつけた部分の面積を求めなさい。

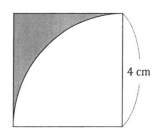

4 cm

（1）	（2）	（3）
（4）	（5）	

合格・数学

空 間 図 形

ステップ1　次の立体の名称を答えなさい。

ア 　イ 　ウ 　エ

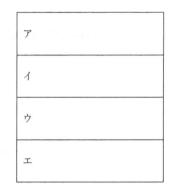

ア	
イ	
ウ	
エ	

ステップ2

右の図において, ①, ②をすべて答えなさい。

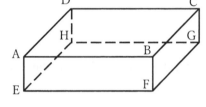

①　辺 AB と平行な辺

②　辺 AE とねじれの位置にある辺

①	
②	

ステップ3

直線 ℓ を軸として1回転してできる回転体の見取り図をかきなさい。

① 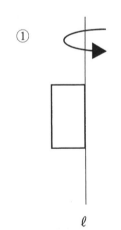　②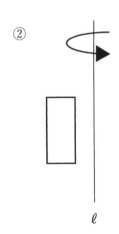

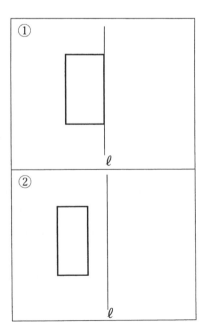

合格・数学

ステップ4　次の立体の表面積と体積をそれぞれ求めなさい。

（1）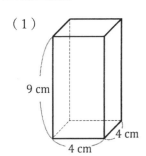

（2）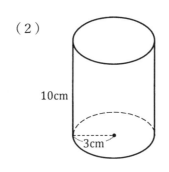

（1）表面積	
体積	
（2）表面積	
体積	

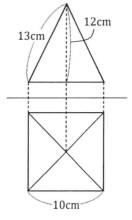

ステップ5　右の図は正四角錐の投影図である。
あとの問いに答えなさい。

（1）この正四角錐の体積を求めなさい。

（2）この正四角錐の表面積を求めなさい。

（1）
（2）

ステップ6

（1）右の円錐の側面のおうぎ形の弧の長さを求めなさい。

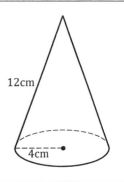

（2）右の円錐の側面のおうぎ形の中心角の大きさを求めなさい。

（3）右の円錐の表面積を求めなさい。

（1）
（2）
（3）

合格・数学

ステップ7

（1）右の球の表面積を求めなさい。

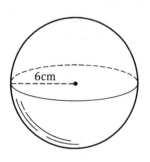

（2）右の球の体積を求めなさい。

（1）	
（2）	

ステップ8

（1）次の中から立方体の展開図として正しいものをすべて選びなさい。

ア　　　　　　　　イ　　　　　　　　ウ　　　　　　　　エ

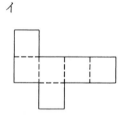 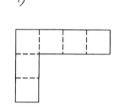 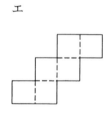

（1）	

（2）右の正八面体の展開図について，あとの問いに答えなさい。

① 点Iと重なり合う点をすべて答えなさい。

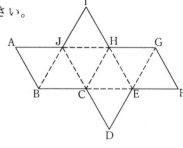

② 辺ABと重なる辺を答えよ。

（2）①	
②	

（1）右の展開図を組み立ててできる円柱の
　　表面積と体積を求めなさい。

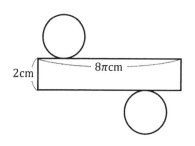

（2）右の直線 ℓ を軸として1回転させてできる半球の
　　表面積と体積を求めなさい。

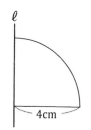

（3）右の図について，あとの問いに答えなさい。

　　①　おうぎ形の弧の長さを求めなさい。

　　②　おうぎ形の中心角を求めなさい。

　　③　円錐の表面積を求めなさい。

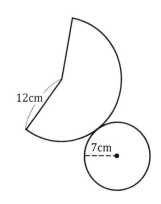

（4）右の正四角錐の体積を求めなさい。

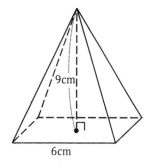

（1）表面積	体積	（2）表面積	体積
（3）①	②	③	（4）

角 と 平 行

（1）右図で $\ell /\!/ m$ のとき，あとの問いに答えなさい。

　　①∠x の同位角はどれか。

　　②∠y の錯角はどれか。

　　③∠z の対頂角はどれか。

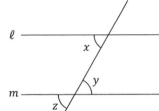

（1）①
②
③

（2）右図で $\ell /\!/ m$ のとき，あとの問いに答えなさい。

　　①　∠a の大きさを求めなさい。

　　②　∠b の大きさを求めなさい。

（2）①
②

ステップ2　　∠x の大きさを求めなさい。

（1）$\ell /\!/ m$

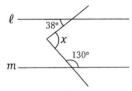

（2）

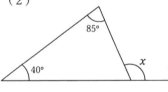

（3）

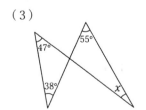

（4）

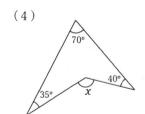

（1）
（2）
（3）
（4）

36

ステップ3

（1）六角形の内角の和は何度か。

（2）七角形の外角の和は何度か。

（3）内角の和が 540° である多角形は何角形か。

（1）	
（2）	
（3）	

ステップ4

三角形の合同条件を3つ全て書きなさい。

①	
②	
③	

ステップ5

下の図から合同な三角形を探し，そのときに使った合同条件も答えなさい。

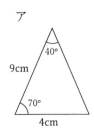
ア

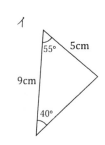
イ

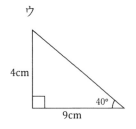
ウ

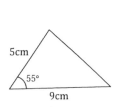
エ

合同な三角形	
合同条件	

ステップ6　同じ印をつけた辺の長さや角の大きさが等しいとき，

　　　　　∠xの大きさを求めなさい。

（1）

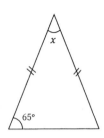

（2）BC // DE のとき

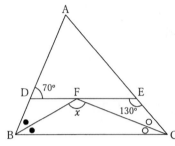

（1）	
（2）	
（3）	
（4）	

（3）□ABCD

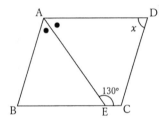

（4）□ABCD

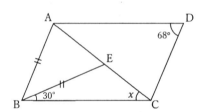

ステップ7　∠xの大きさを求めなさい。

（1）

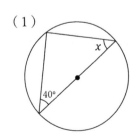

（2）

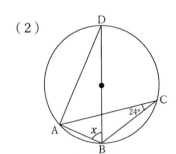

（1）	
（2）	

合格・数学

ステップ8

二等辺三角形 ABC の底辺 BC の中点を D とする。
このとき線分 AD は∠A を 2 等分することを
次のように証明する。空欄をうめなさい。

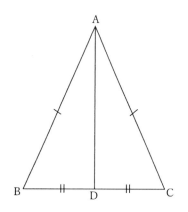

（証明）

△ABD と△ACD において

仮定より， AB = AC ・・・①

　　　　　BD = CD ・・・②

AD は共通なので， AD＝AD ・・・③

①, ②, ③より （　　　ア　　　）ので,

△ABD≡△ACD

合同な図形では, 対応する角は等しいので,

∠BAD＝∠CAD

よって線分 AD は∠A を 2 等分する。

ア

ステップ9

▱ABCD の辺 CD の中点を E とし, 辺 AD の延長
と線分 BE の延長の交点を F とする。このとき,
△BCE≡△FDE であることの証明の空欄をうめなさい。

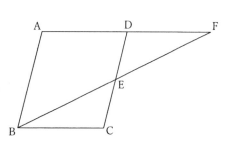

（証明）

△BCE と△FDE において,

仮定より, EC=ED　・・・①

AF // BC より, 錯角は等しいので,

∠ECB＝（　ア　）・・・②

また,（　イ　）は等しいので,

∠BEC＝∠FED・・・③

①, ②, ③より,（　　　ウ　　　）ので

△BCE≡△FDE

ア
イ
ウ

39

合格・数学

（1）∠x の大きさを求めなさい。

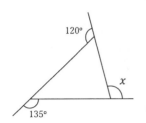

（2）DB＝DC かつ∠DBC＝∠DBA のとき
∠x の大きさを求めなさい。

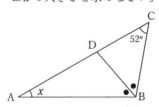

（3）右の□ABCD について，下の空欄をうめなさい。

AD＝（　①　）cm

OA＝（　②　）cm

∠BOC＝（　③　）

∠BCD＝（　④　）

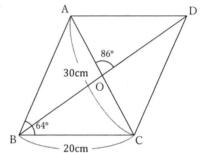

（4）AB＝AC の二等辺三角形 ABC で，辺 AB，AC の中点をそれぞれ D，E とおき，
辺 BE と辺 CD の交点を F とした。このとき△FBC が二等辺三角形であることを
証明した下の文の空欄をうめなさい。

（証明）

△BCD と△CBE において，

仮定より，AB＝AC，AB＝2BD，AC＝2CE なので，

BD＝（　ア　）・・・①

△ABC は二等辺三角形なので，∠ABC＝（　イ　）・・・②

辺 BC は共通なので，BC＝CB・・・③

①，②，③より，（　　　　ウ　　　　）ので

△BCD≡△CBE，合同な三角形では，対応する角が等しいので，

∠DCB＝∠EBC，2 つの角が等しいので△FBC は二等辺三角形である。

（1）	（2）		
（3）①	②	③	④
（4）ア	イ	ウ	

図 形 と 相 似

ステップ1

三角形の相似条件を3つ全て書きなさい。

①
②
③

ステップ2

下の図で△ABC∽△DEFのとき，下の空欄をうめなさい。

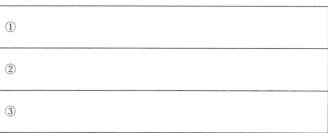

DE ＝（　　ア　　）cm

BC ＝（　　イ　　）cm

∠BAC＝（　　ウ　　）

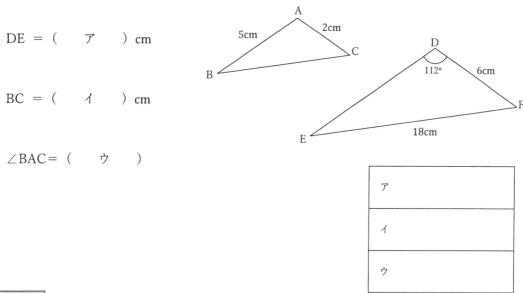

ア
イ
ウ

ステップ3

下の図で相似な三角形を書きなさい。また，そのとき使った相似条件も書きなさい。

相似な三角形
相似条件

下の図で x の値を求めなさい。

（1） $\ell \,/\!/\, m \,/\!/\, n$

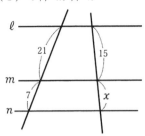

（2） $\ell \,/\!/\, m \,/\!/\, n$

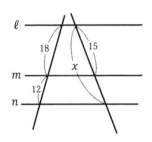

（1）	
（2）	
（3）	
（4）	

（3） BC // DE

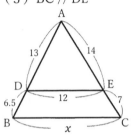

（4） AB // CD

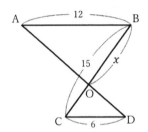

ステップ5

右の△ABC と△ADE は相似で，AD : DB = 2 : 3 である。
これについて，あとの問いに答えなさい。

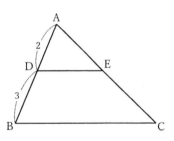

（1） △ADE と△ABC の面積比を求めなさい。

（2） △ADE の面積が 24 cm² のとき，△ABC の面積を求めなさい。

（3） △ADE の面積を S_1，台形 DBCE の面積を S_2 と
　　　するとき，$S_1 : S_2$ を求めなさい。

（1）	
（2）	
（3）	

2つの相似な円錐X,Yがあり, 高さの比は3:4である。

（1）XとYの底面の円周の長さの比を求めなさい。

X   Y

（2）XとYの表面積の比を求めなさい。

（3）Xの体積が $81\pi\ \text{cm}^3$ のとき, Yの体積を求めなさい。

（1）	
（2）	
（3）	

ステップ7 下の図で x の値を求めなさい。

（1）

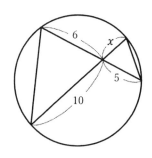

（2）

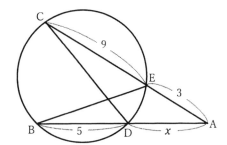

（1）	
（2）	

右の図のように，円に2つの弦 AB, CD をひき，
それらを延長した交点を P とする。
これについて，あとの問いに答えなさい。

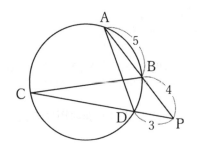

（1）PA×PB＝PC×PD であることを証明しなさい。。

```
［証明］



```

（2）弦 CD の長さを求めなさい。

（2）

次のことがらの逆を言いなさい。また，それが正しいかどうか調べて，
正しくないときは反例を示しなさい。

（1）△ABC と△DEF において，
　　△ABC≡△DEF ならば，∠A＝∠D である。

（1）逆
正誤
反例

（2）$a > 0$, $b > 0$ ならば、
　　$a + b > 0$ である。

（2）逆
正誤
反例

（1） ℓ // m // n のとき,
　　　x の値を求めなさい。

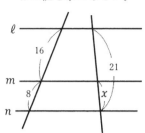

（2） AB//EF//DC のとき,
　　　x の値を求めなさい。

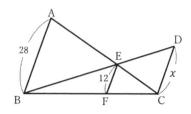

（3） x の値を求めなさい。

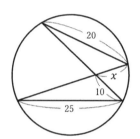

（4） DE //BC のとき,
　　　△ABC：△ADE の面積比を求めなさい。

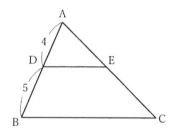

（5） 右図のような円錐形の容器に 10 cm の深さ
　　　まで水を入れる。このとき容器に入っている
　　　水の体積が 140 cm³ のとき, あと何 cm³ の
　　　水を入れることができるか。

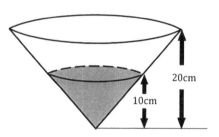

（1）$x =$	（2）$x =$	
（3）$x =$	（4）△ABC：△ADE＝　　：	（5）

三 平 方 の 定 理

ステップ1　xの値を求めなさい。

（1）

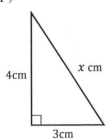

4cm　x cm

3cm

（2）

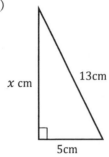

x cm　13cm

5cm

（1）	
（2）	
（3）	
（4）	

（3）

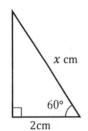

x cm

60°

2cm

（4）

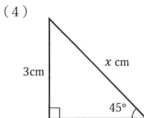

3cm　x cm

45°

ステップ2　xの値を求めなさい。

（1）

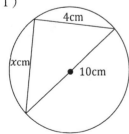

4cm

$x$cm　10cm

（2）

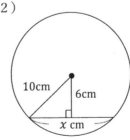

10cm　6cm

x cm

（1）	
（2）	

ステップ3　右の直方体について，あとの問いに答えなさい。

（1）長方形 EFGH の対角線，線分 EG の長さを求めなさい。

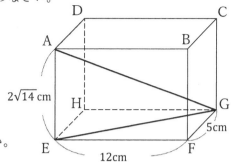

（2）直方体の対角線，線分 AG の長さを求めなさい。

（1）
（2）

ステップ4

右の円錐について，円錐の高さ OA と体積を求めなさい。

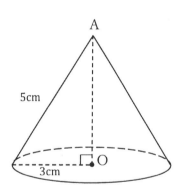

高さ
体積

（1） x の値を求めなさい。

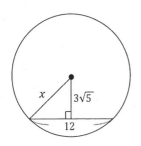

（2） x の値を求めなさい。

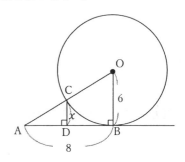

（3） 正三角形 ABC の 1 辺の長さを求めなさい。

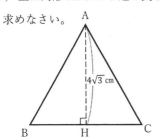

（4） 1 辺 2 cm の立方体の対角線 DF の長さを求めなさい。

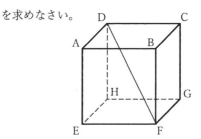

（5） 右の正四角錐について，あとの問いに答えなさい。

① 正四角錐の高さ AO を求めなさい。

② 正四角錐の体積を求めなさい。

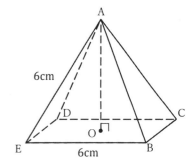

（1）	（2）	（3）
（4）	（5） ①	②

48

$$\boxed{解\ 答\ \cdot\ 解\ 説}$$

小問集合①

P 1 $\boxed{ステップ 1}$

（1）-7　　（2）4　　（3）-13　　（4）8

※（3）$6-19$　　（4）$-7+4+11$

P 1 $\boxed{ステップ 2}$

（1）4　　（2）7 個　　（3）13　　（4）$-1,0,1,2$

※（1）絶対値は，数直線上で，0 からある数までの距離。0 の絶対値は 0。　（2）$0,\pm 1,\pm 2,\pm 3$

（3）自然数は，正の整数（$1,2,3,\ldots$）のこと。

P 1 $\boxed{ステップ 3}$

（1）$\dfrac{7}{6}$　　（2）$-\dfrac{1}{8}$　　（3）$-\dfrac{2}{5}$　　（4）-0.06　　（5）$-\dfrac{1}{4}$　　（6）$-\dfrac{5}{3}$

※（1）$\dfrac{1\times 3}{2\times 3}+\dfrac{2\times 2}{3\times 2}=\dfrac{3}{6}+\dfrac{4}{6}$　　（2）$-\dfrac{1\times 4}{2\times 4}+\dfrac{3}{8}=-\dfrac{4}{8}+\dfrac{3}{8}$　　（3）$-\dfrac{2\times 3}{3\times 5}$　　（5）$-\dfrac{5}{6}\times\dfrac{3}{10}$

（6）$-\dfrac{4}{3}\times\dfrac{3}{4}\times\dfrac{5}{3}$

P 2 $\boxed{ステップ 4}$

（1）-2　　（2）x　　（3）$-3a^2+a+3$　　（4）y^2　　（5）$-2a^2$　　（6）$14x^2$

※（1）$4-6$　　（3）$-a^2+3a-5-2a^2-2a+8$　　（4）$\dfrac{xy\times y}{x}$

（5）$a^2-\dfrac{9a^2}{3}=a^2-3a^2$　　（6）$\dfrac{6x^2\times 7x^2}{3x^2}$

P 2 $\boxed{ステップ 5}$

（1）$4x+3$　　（2）$\dfrac{x+5y}{6}$　　（3）x^2-x-6　　（4）$4x^2-12xy+9y^2$

（5）x^2-25　　（6）$x^2+\dfrac{5}{6}x+\dfrac{1}{6}$

※（1）$12x^2\times\dfrac{1}{3x}+9x\times\dfrac{1}{3x}$　　（2）$\dfrac{3(x+y)}{2\times 3}-\dfrac{2(x-y)}{3\times 2}=\dfrac{3x+3y}{6}-\dfrac{2x-2y}{6}=\dfrac{3x+3y-2x+2y}{6}$

（3）$x^2-3x+2x-6$　　（4）$(2x)^2-2\times 2x\times 3y+(3y)^2$　　（5）x^2-5^2

（6）$x^2+\dfrac{1}{3}x+\dfrac{1}{2}x+\dfrac{1}{6}=x^2+\dfrac{1\times 2}{3\times 2}x+\dfrac{1\times 3}{2\times 3}x+\dfrac{1}{6}=x^2+\dfrac{2}{6}x+\dfrac{3}{6}x+\dfrac{1}{6}$

P 3 $\boxed{ステップ 6}$

（1）$5\sqrt{3}$　　（2）18　　（3）4　　（4）$\dfrac{2\sqrt{3}+\sqrt{6}}{6}$　　（5）$\dfrac{\sqrt{6}}{6}$　　（6）$-3\sqrt{3}$

※（1）$2\sqrt{3}+3\sqrt{3}$　　（2）$2\times 3\times\sqrt{3}\times\sqrt{3}=2\times 3\times 3$

（3）$\dfrac{3\sqrt{2}\times 2\sqrt{6}}{3\sqrt{3}}=\dfrac{6\sqrt{12}}{3\sqrt{3}}=\dfrac{6\times 2\sqrt{3}}{3\sqrt{3}}=\dfrac{4\sqrt{3}}{\sqrt{3}}=4\times\sqrt{\dfrac{3}{3}}=4\times 1$

（4）$\dfrac{1\times\sqrt{3}}{\sqrt{3}\times\sqrt{3}}+\dfrac{1\times\sqrt{6}}{\sqrt{6}\times\sqrt{6}}=\dfrac{\sqrt{3}}{3}+\dfrac{\sqrt{6}}{6}=\dfrac{2\sqrt{3}}{3\times 2}+\dfrac{\sqrt{6}}{6}=\dfrac{2\sqrt{3}}{6}+\dfrac{\sqrt{6}}{6}$

（5）$\dfrac{\sqrt{3}}{\sqrt{2}}-\dfrac{\sqrt{2}}{\sqrt{3}}=\dfrac{\sqrt{3}\times\sqrt{2}}{\sqrt{2}\times\sqrt{2}}-\dfrac{\sqrt{2}\times\sqrt{3}}{\sqrt{3}\times\sqrt{3}}=\dfrac{\sqrt{6}}{2}-\dfrac{\sqrt{6}}{3}=\dfrac{3\sqrt{6}}{2\times 3}-\dfrac{2\sqrt{6}}{3\times 2}=\dfrac{3\sqrt{6}-2\sqrt{6}}{6}$

（6）$\dfrac{9\times\sqrt{3}}{\sqrt{3}\times\sqrt{3}}-3\sqrt{3}\times 2=\dfrac{9\sqrt{3}}{3}-6\sqrt{3}=3\sqrt{3}-6\sqrt{3}$

P 3 $\boxed{ステップ 7}$

（1）$3-2\sqrt{2}$　　（2）2　　（3）$3\sqrt{2}-5\sqrt{6}$　　（4）$x=5$　　（5）$x=14$　　（6）$x=\dfrac{y+2}{3}$

※（1）$1^2-2\times 1\times\sqrt{2}+\left(\sqrt{2}\right)^2=1-2\sqrt{2}+2$　　（2）$\sqrt{\dfrac{80}{5}}-\sqrt{\dfrac{20}{5}}=\sqrt{16}-\sqrt{4}=4-2$

（3）$\left(\sqrt{3}-5\right)\times\sqrt{6}=\sqrt{18}-5\sqrt{6}=3\sqrt{2}-5\sqrt{6}$　　（4）$4x-12=2x-2$　　$2x=10$　　$x=5$

（5）両辺に 10 をかけて，$6x+40=x+110$　　$5x=70$　　（6）$3x=y+2$

合格・数学

P 4 ステップ 8

（1）$2^3 \times 3$　　　（2）$2^2 \times 3 \times 5$　　　（3）$2^2 \times 3^2 \times 7$

※（1）
```
2)24
2)12
2) 6
   3
```
（2）
```
2)60
2)30
3)15
   5
```
（3）
```
2)252
2)126
3) 63
3) 21
    7
```

P 4 ステップ 9

（1）17　　　（2）11, 31, 47, 59

※（1）$2+3+5+7$

> 素数とは，1 とその数のほかに約数がない自然数。
> 2, 3, 5, 7, 11, 13, ……

P 4 ステップ 10

（1）$6 < \sqrt{41}$　　　（2）$-3 > -\sqrt{10}$　　　（3）$\sqrt{0.4} > 0.4$　　　（4）$\sqrt{\dfrac{3}{5}} < \dfrac{3}{\sqrt{5}}$

※（1）$6 = \sqrt{36}$ より　$\sqrt{36} < \sqrt{41}$　　（2）$-\sqrt{9} > -\sqrt{10}$　　（3）$\sqrt{0.4} > \sqrt{0.16}$　　（4）$\sqrt{\dfrac{3}{5}} < \sqrt{\dfrac{9}{5}}$

P 4 ステップ 11

（1）11点　　　（2）70点

※（1）$5 - (-6) = 11$（点）　　　（2）基準との差の平均は，$\{(-6) + 18 + 5 + (-11) + (-16)\} \div 5 = -2$
　　　　　　　5人の得点の平均が 68 点なので，(基準にした得点) $+ (-2) = 68$

P 5 確認テスト①

（1）-6　　（2）-6　　（3）$\dfrac{1}{12}$　　（4）$\dfrac{7}{10}$　　（5）$\sqrt{2}$　　（6）$\sqrt{10}$　　（7）$7 - 2\sqrt{10}$

（8）$5x - 8$　　（9）$x = 3$　　（10）$x = \dfrac{3}{2}y - 4$　　（11）$2 \times 3 \times 5 \times 7$　　（12）$\dfrac{\sqrt{3}}{7} < \sqrt{\dfrac{3}{7}} < \dfrac{3}{\sqrt{7}}$

※（1）$-12 + 6$　　　（2）$4 - 10$　　　（3）$\dfrac{10}{12} - \dfrac{9}{12}$　　　（4）$\dfrac{3}{8} \times \dfrac{28}{15}$　　　（5）$4\sqrt{2} - 3\sqrt{2}$

（6）$\sqrt{40} - \sqrt{10} = 2\sqrt{10} - \sqrt{10}$　　　（7）$(\sqrt{5})^2 - 2 \times \sqrt{5} \times \sqrt{2} + (\sqrt{2})^2 = 5 - 2\sqrt{10} + 2$

（8）$3x - 9 + 2x + 1$　　　（9）$6x - 18 = 2x - 6$　　　$6x - 2x = -6 + 18$　　　$4x = 12$

（10）両辺に 3 をかける　$3y = 2x + 8$　　　$2x = 3y - 8$　　　$x = \dfrac{3}{2}y - \dfrac{8}{2}$　　　（11）
```
2)210
3)105
5) 35
    7
```

（12）$\sqrt{\dfrac{3}{7}} = \sqrt{\dfrac{21}{49}}$, $\dfrac{3}{\sqrt{7}} = \sqrt{\dfrac{9}{7}} = \sqrt{\dfrac{63}{49}}$, $\dfrac{\sqrt{3}}{7} = \sqrt{\dfrac{3}{49}}$　　　$\dfrac{3}{49} < \dfrac{21}{49} < \dfrac{63}{49}$

小問集合②

P 6 ステップ 1

（1）$100a + 10b + 3$　　　（2）$a = \dfrac{b}{15}$　$(b = 15a)$　　　（3）$P = 7m + 3$

※（2）b 分は $\dfrac{b}{60}$ 時間なので，$a = 4 \times \dfrac{b}{60}$　　　（3）$(P - 3) \div 7 = m$　　　$P - 3 = 7m$

P 6 ステップ 2

（1）4　　　（2）39　　　（3）-19

※（1）$-3 \times (-2) - 2$　　　（2）$6 \times (-3)^2 + 5 \times (-3) = 54 - 15$

（3）$3^2 - 3 \times (-7) - (-7)^2 = 9 + 21 - 49$

P 6 ステップ 3

（1）$x = 7$　　　（2）子ども 18 人，アメ 67 個

※（1）$6x - 3 = 4x + 11$　　　（2）子どもの人数を x とすると，$3x + 13 = 4x - 5$

P 7 ステップ 4

（1）71, 72, 73　　　（2）8 cm　　　（3）30 人

※（1）真ん中の数を x とすると，連続する 3 つの整数は，$x - 1$, x, $x + 1$
　　　これらの和が 216 なので，$x - 1 + x + x + 1 = 216$　　　$3x = 216$　　　$x = 72$　　真ん中の数が 72 である。

（2）元の正方形の 1 辺の長さを x とすると，長方形の面積は，$(x-4)(x+3)=44$ となる。

$x^2 - x - 12 = 44$　　$x^2 - x - 56 = 0$　　$(x-8)(x+7)=0$　　$x = 8, -7$　　$x > 0$ より，$x = 8$

（3）今年の参加者は，男子が $\dfrac{120}{100}a$（人），女子は $25 \times \dfrac{96}{100}$（人）と表せる。　　$\dfrac{120}{100}a + 25 \times \dfrac{96}{100} = 60$

P7 ステップ5

（1）7　　　（2）12.25　　　（3）$4\sqrt{6}$　　　（4）2，18

※（1）63 を素因数分解すると，$3^2 \times 7$ より，7 をかけると，$3^2 \times 7^2 = (3 \times 7)^2 = 21^2$ となる。

（2）$\sqrt{150} = 5\sqrt{6} = 5 \times 2.45$

（3）$x^2 - y^2 = (x+y)(x-y)$ より，$(\sqrt{2}+\sqrt{3}+\sqrt{2}-\sqrt{3})(\sqrt{2}+\sqrt{3}-\sqrt{2}+\sqrt{3}) = 2\sqrt{2} \times 2\sqrt{3}$

（4）$\sqrt{18} = \sqrt{3^2 \times 2}$，$\sqrt{\dfrac{3^2 \times 2}{n}}$ の $\sqrt{}$ の中が 2 乗の形になればよいので，$n = 2$，$3^2 \times 2$　の 2 種類

P8 ステップ6

（1）$(x, y) = (2, 3)$　　　（2）$(x, y) = (-3, 7)$　　　（3）$(x, y) = (1, -1)$

（4）$(x, y) = (3, -1)$　　　（5）$(x, y) = (4, -6)$

※（1）$\begin{cases} 2x + 3y = 13 \cdots ① \\ x - 2y = -4 \cdots ② \end{cases}$　　　①－②×2 をすると，　$7y = 21$　　　$y = 3$
これを②に代入すると，$x - 2 \times 3 = -4$　　　$x = 2$

（2）$\begin{cases} 3x + y = -2 \cdots ① \\ x - y = -10 \cdots ② \end{cases}$　　　①＋②をすると，$4x = -12$　$x = -3$
これを①に代入すると，$-9 + y = -2$　　$y = 7$

（3）$\begin{cases} -4x - 3y = -1 \cdots ① \\ 3x - 2y = 5 \cdots ② \end{cases}$　　　①×2－②×3 をすると，　$-17x = -17$　　　$x = 1$
これを②に代入して，$3 - 2y = 5$　$2y = -2$　$y = -1$

（4）$\begin{cases} x - 3y = 6 \cdots ① \\ y = x - 4 \cdots ② \end{cases}$　　　②を①に代入すると，$x - 3(x-4) = 6$　　　$-2x = -6$　　$x = 3$
これを②に代入すると，$y = 3 - 4$　　$y = -1$

（5）$\begin{cases} \dfrac{3}{2}x + \dfrac{2}{3}y = 2 \cdots ① \\ -3x - 4y = 12 \cdots ② \end{cases}$　　　①×6 をすると，　$9x + 4y = 12 \cdots ③$　　　②＋③をすると，$6x = 24$
よって，$x = 4$　これを②に代入すると，$-12 - 4y = 12$　$4y = -24$　$y = -6$

P8 ステップ7

（1）$(x, y) = (-1, -2)$　　　（2）$(x, y) = (3, -2)$　　　（3）$(x, y) = (-4, 1)$

（4）$(x, y) = (5, -2)$　　　（5）$a = 7$，$b = -1$

※（1）$\begin{cases} x + 2y = -5 \cdots ① \\ 3x + y = -5 \cdots ② \end{cases}$　　　①－②×2 をすると，　$-5x = 5$　　　$x = -1$
これを②に代入すると，$-3 + y = -5$　　$y = -2$

（2）$\begin{cases} x + 2y = -1 \cdots ① \\ -3x - 4y = -1 \cdots ② \end{cases}$　　　①×2＋②をすると，　$-x = -3$　　　$x = 3$
これを①に代入すると，$3 + 2y = -1$　　$2y = -4$　$y = -2$

（3）$\begin{cases} 0.2x - 0.3y = -1.1 \cdots ① \\ 0.1y = 0.4x + 1.7 \cdots ② \end{cases}$ $\begin{aligned} ① \times 10 \\ \rightarrow \\ ② \times 10 \end{aligned}$ $\begin{array}{l} 2x - 3y = -11 \cdots ③ \\ y = 4x + 17 \cdots ④ \end{array}$ ④を③に代入　$2x - 3(4x+17) = -11$
$x = -4$ ④に代入　$y = -16 + 17 = 1$

（4）$\begin{cases} 0.2x - 0.5y = 2 \cdots ① \\ x + 2y = 1 \cdots ② \end{cases}$　　　①×10－②×2 をすると，　$-9y = 18$　　　$y = -2$
これを②に代入すると，$x - 4 = 1$　　$x = 5$

（5）$\begin{cases} -3a + 20 = -1 \cdots ① \\ 6 + 4b = 2 \cdots ② \end{cases}$　　　①より，$-3a = -21$　$a = 7$
②より，$4b = -4$　$b = -1$

P9 ステップ8

（1）$(x+2)(x+8)$　　　（2）$(a+5)(a-4)$　　　（3）$(x-3)(x-6)$　　　（4）$-3a(x-1)^2$

（5）$(a+5)(a-5)$　　　（6）$(3x+4y)(3x-4y)$　　　（7）$(3a-4b)^2$

（8）$\left(a + \dfrac{1}{2}b\right)\left(a - \dfrac{1}{2}b\right)$　　　（9）$(x+5)(x+7)$　　　（10）$4(a-9)(a+2)$

※（1）積が+16，和が+10　　（2）積が−20，和が+1　　（3）積が+18，和が−9

（4）$-3a(x^2 - 2x + 1)$ （ ）の中は積が $+1$，和が -2　　（5）$a^2 - 5^2$　　（6）$(3x)^2 - (4y)^2$

（7）$(3a)^2 - 2 \times 3a \times 4b + (4b)^2$　　（8）$a^2 - (\frac{1}{2}b)^2$

（9）$x + 3 =$ M とおく，$M^2 + 6M + 8 = (M + 2)(M + 4) = (x + 3 + 2)(x + 3 + 4)$　　（10）$4(a^2 - 7a - 18)$

P9 ステップ9

（1）$x = 6, -4$　　（2）$x = -2$　　（3）$x = \pm 3$　　（4）$x = 4, 9$

※（1）$(x - 6)(x + 4) = 0$ より，$x - 6 = 0$ または $x + 4 = 0$　　（2）$x^2 + 4x + 4 = 0$　$(x + 2)^2 = 0$

（3）両辺を4でわる　$x^2 = 9$　　（4）$x^2 - 13x + 36 = 0$　$(x - 4)(x - 9) = 0$

P10 ステップ10

（1）リンゴ6個，モモ5個　　（2）大人600円，子ども400円　　（3）速さ 毎秒40m，長さ 150m

※（1）リンゴ x 個，モモ（$11 - x$）個とする。　　$90x + 120(11 - x) = 1140$

（2）大人 x 円　　$\begin{cases} 3x + 7y = 4600 \ \cdots① & ①\times 2 - ②をすると，11y = 4400　よって，y = 400 \\ 6x + 3y = 4800 \ \cdots② & これを①に代入，3x + 2800 = 4600　よって，x = 600 \end{cases}$
子ども y 円とすると，

（3）列車の速さを毎秒 x m　$\begin{cases} 55x = 2050 + y \ \cdots① & ① - ②をすると，-17x = -680　より，x = 40 \\ 72x = 2730 + y \ \cdots② & これを①に代入し，2200 = 2050 + y　y = 150 \end{cases}$
列車の長さを y m とすると，

P10 ステップ11

（1）$a = 1, b = -30$　　（2）3m

※（1）二次方程式に $x = 5, -6$　$\begin{cases} 25 + 5a + b = 0 \ \cdots① & ① - ②をすると，-11 + 11a = 0　よって，a = 1 \\ 36 - 6a + b = 0 \ \cdots② & これを①に代入し，25 + 5 + b = 0　より，b = -30 \end{cases}$
をそれぞれ代入すると，

（2）道の幅を x m とすると，残った畑の面積は，$(12 - x)(15 - x) = 108$　$180 - 12x - 15x + x^2 = 108$

$x^2 - 27x + 72 = 0$　$(x - 3)(x - 24) = 0$　$0 < x < 12$ より，$x = 3$

P11 確認テスト②

（1）2年後　　（2）$(x, y) = (1, -3)$　　（3）13.44

（4）$(x - 9)(x + 3)$　　（5）$x = -6, 10$　　（6）3600 m　　（7）13 cm

※（1）x 年後に父親の年齢がAさんの年齢の4倍になるとすると，$4(8 + x) = 38 + x$

（2）$\begin{cases} x + 2y = -5 \ \cdots① & ① \times 3 - ② \times 2 をすると，-13x = -13　x = 1 \\ 8x + 3y = -1 \ \cdots② & これを①に代入すると，1 + 2y = -5　2y = -6　y = -3 \end{cases}$

（3）$\sqrt{180} = 6\sqrt{5} = 6 \times 2.24$　　（4）積が-27，和が-6

（5）$x - 3 =$ M として，$M^2 + 2M - 63 = 0$　$(M + 9)(M - 7) = 0$
$(x - 3 + 9)(x - 3 - 7) = 0$　$(x + 6)(x - 10) = 0$

（6）家からバス停まで歩いた時間を x 分，バス停から学校までの移動でかかった時間を y 分とすると，

$\begin{cases} x + y + 3 = 20 \ \cdots① & ① \times 8 - ② \div 10 をすると，-22y = -264　より，y = 12　(x = 5) \\ 80x + 300y = 4000 \ \cdots② & よって，バス停から学校までの距離は，300 \times 12 = 3600(m) \end{cases}$

（7）はじめの紙の縦の長さを x cm とすると，横の長さは $(x + 5)$ cm

4隅から3cmずつ切り取るので，$3(x - 6)(x + 5 - 6) = 252$

両辺を3で割ると，$(x - 6)(x - 1) = 84$　$x^2 - 7x - 78 = 0$

$(x + 6)(x - 13) = 0$　$x = -6, 13$　$x > 6$ より，$x = 13$

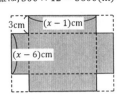

合格・数学

比例と反比例

（1）$y = 2x$ （2）$y = -6x$ （3）$y = -3$

（比例 $y = ax$ 比例定数）

※（1）関数 $y = ax$ で，a が比例定数。 （2）$y = ax$ へ代入し，$-18 = 3a$ $a = -6$

（3）$y = ax$ へ代入し，$54 = -6a$ $a = -9$ $y = -9x$ へ $x = \frac{1}{3}$ を代入する。

（1）$y = \frac{5}{x}$ （2）$y = -1$ （3）$y = \frac{18}{x}$

（反比例 $y = \frac{a}{x}$ 比例定数）

※（1）関数 $y = \frac{a}{x}$ で，a が比例定数。

（2）$y = \frac{a}{x}$ へ代入し，$-\frac{1}{2} = \frac{a}{4}$ $a = -2$ $y = -\frac{2}{x}$ へ $x = 2$ を代入する。

（3）$y = \frac{a}{x}$ へ $x = -9$ ，$y = -2$ を代入し，$a = 18$

（比例式 $a:b = c:d$ $ad = bc$）

（1）$x = 3$ （2）$x = 30$ （3）$x = 8$ （4）$x = 9$

※（1）$16x = 4 \times 12$ （2）$3x = 10 \times 9$ （3）$3x = 4(x - 2)$ （4）$8x = 6(x + 3)$

（1）66 円 （2）1900 円 （3）4500 円 （4）赤玉 42 個 ，白玉 24 個

※（1）300 g 買ったときの代金を x 円とすると，$500 : 110 = 300 : x$ $500x = 110 \times 300$ $x = \frac{110 \times 300}{500}$

（2）本を x 円とすると，$(3500 - x) : (2700 - x) = 2 : 1$

$3500 - x = 2(2700 - x)$ $3500 - x = 5400 - 2x$ $-x + 2x = 5400 - 3500$

（3）妹の所持金を x 円とすると，姉の所持金は $(9900 - x)$ 円 比例式で表すと，$(9900 - x) : x = 6 : 5$

$5 \times (9900 - x) = 6x$ $49500 - 5x = 6x$ $-11x = -49500$ $x = 4500$

（4）白玉を x 個とすると，赤玉は $(x + 18)$ 個と表すことができるので，$(x + 18) : x = 7 : 4$

$4 \times (x + 18) = 7x$ $4x + 72 = 7x$ $-3x = -72$ $x = 24$ 白玉は 24 個，赤玉は $(24 + 18)$ 個

（1）$x = 6$ （2）$x = 4$ （3）20 ml （4）$y = 14$（cm） （5）

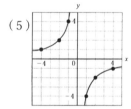

※（1）$24x = 8 \times 18$ （2）$3(x - 1) = (x + 5)$

（3）それぞれ x ml ずつ増やすとすると，$(100 + x) : (160 + x) = 2 : 3$

$3(100 + x) = 2(160 + x)$ $300 + 3x = 320 + 2x$ $x = 20$

（4）（おもりの重さ）×（支点からの距離）は左右で等しいので，$42 \times 8 = 24 \times y$

関数①

（1）傾き -2，切片 3 （2）$y = \frac{3}{2}x + 5$ （3）$y = -\frac{1}{3}x + 4$ （4）$y = 4x + 7$

※（1）一次関数 $y = ax + b$ のグラフは，傾き a，切片 b の直線。

（一次関数 $y = ax + b$ のグラフ 傾き 切片）

（2）直線の式 $y = ax + b$ へ代入して，$11 = \frac{3}{2} \times 4 + b$ $b = 5$

（3）$y = ax + b$ へ代入して，$\begin{cases} 3 = 3a + b \cdots① \\ 2 = 6a + b \cdots② \end{cases}$ ①－②をすると，$1 = -3a$ より，$a = -\frac{1}{3}$，

①に代入し，$3 = 3 \times \left(-\frac{1}{3}\right) + b$ $b = 3 + 1 = 4$

（4）$y = 4x - 1$ に平行なので，求める直線の傾き $a = 4$

$y = 4x + b$ へ $x = 2$，$y = 15$ を代入して，$15 = 4 \times 2 + b$ $b = 7$

合格・数学

P15 ステップ2

（1）$y = 3x + 11$　　　（2）$y = -\dfrac{1}{4}x + 1$　　　（3）$y = -3x + 10$　　　（4）$y = \dfrac{1}{2}x + 2$

※（1）$y = ax + b$ へ代入して，$2 = 3 \times (-3) + b$

　　（2）$y = ax + b$ へ代入して，$-1 = -\dfrac{1}{4} \times 8 + b$

　　（3）$y = ax + b$ へ代入して，$-11 = -\dfrac{6}{2} \times 7 + b$

> 一次関数 $y = ax + b$ で，
>
> 変化の割合 $= \dfrac{y \text{の増加量}}{x \text{の増加量}} = a(\text{直線の傾き})$

　　（4）$\begin{cases} 1 = -2a + b \,\text{...①} \\ 4 = 4a + b \,\text{...②} \end{cases}$　①－②をすると，$-3 = -6a$ より，$a = \dfrac{1}{2}$　これを①に代入して，

　　　　　　　　　　　　　　　　　　　　　　　　　$1 = -2 \times \dfrac{1}{2} + b$　より，$b = 2$

P16 ステップ3

（1）$3 \leqq y \leqq 9$　　　（2）$-7 \leqq y \leqq -1$　　　（3）$(2, 1)$

※（1）$x = 2$ のとき $y = 2 \times 2 - 1 = 3$，$x = 5$ のとき $y = 2 \times 5 - 1 = 9$

　　（2）$x = -6$ のとき $y = -\dfrac{2}{3} \times (-6) - 5 = -1$，$x = 3$ のとき $y = -\dfrac{2}{3} \times 3 - 5 = -7$

　　（3）$\begin{cases} y = -x + 3 \,\text{...①} \\ y = 3x - 5 \,\text{...②} \end{cases}$　①を②に代入すると，$-x + 3 = 3x - 5$ より，$-4x = -8$　$x = 2$
　　　　　　　　　　　これを①に代入　$y = -2 + 3$ より，$y = 1$　よって交点の座標は $(2, 1)$

P16 ステップ4

（1）$A(0, 5)$　　　（2）$B(-5, 0)$，$C(5, 0)$　　　（3）25

※（1）$\begin{cases} y = x + 5 \,\text{...①} \\ y = -x + 5 \,\text{...②} \end{cases}$　①を②に代入すると，$x + 5 = -x + 5$ より，$2x = 0$　$x = 0$　これを①に代入
　　　　　　　　　　　$y = 0 + 5$ より，$y = 5$　よって2直線の交点 A の座標は $(0, 5)$

　　（2）点 B の x 座標は，$y = x + 5$ へ $y = 0$ を代入，点 C の x 座標は $y = -x + 5$ へ $y = 0$ を代入し求める。

　　（3）辺 BC が底辺，点 A の y 座標が高さになる。$\dfrac{1}{2} \times 10 \times 5$

P17 ステップ5

（1）18 cm　　　（2）$\dfrac{2}{3}$ cm　　　（3）27 分後

※（1）表より，3分間で2 cm短くなっているので，火をつける前のろうそくの長さは $16 + 2$ (cm)

　　（3）（1），（2）より，ろうそくは x 分間に $\dfrac{2}{3}x$ cm 短くなるので，$y = -\dfrac{2}{3}x + 18$

　　　　ろうそくがすべてなくなるのは，$y = 0$ のときなので，代入して $0 = -\dfrac{2}{3}x + 18$　$x = 27$

P17 ステップ6

（1）$y = 3x$　　　（2）$y = 12$　　　（3）$y = -3x + 42$

※（1）$y = \dfrac{1}{2} \times x \times 6$　　（2）$y = \dfrac{1}{2} \times 6 \times 4$

　　（3）$AP = BC + CD + AD - x = 14 - x$ より，$y = \dfrac{1}{2} \times (14 - x) \times 6$

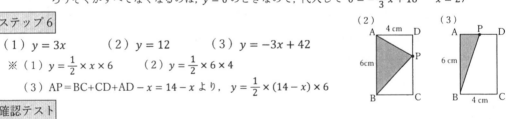

P18 確認テスト

（1）$y = -3x + 20$　　　（2）$y = x + 6$　　　（3）27　　　（4）① 30分　② 750 m

※（1）$y = ax + b$ へ $a = -3$，$x = 6$，$y = 2$ を代入し，$2 = -3 \times 6 + b$　これを解いて，$b = 20$

　　（2）$\begin{cases} 8 = 2a + b \,\text{...①} \\ 0 = -6a + b \,\text{...②} \end{cases}$　①－②をすると，$8 = 8a$ となり，$a = 1$ とわかる。これを①に代入して，
　　　　　　　　　　　$8 = 2 + b$　$b = 6$　これらを $y = ax + b$ に代入する。

　　（3）点 A は $y = -x + 5$ の切片なので，$A(0, 5)$，点 B は $y = \dfrac{1}{2}x - 4$ の切片なので，$B(0, -4)$　点 C は，

　　　　$\begin{cases} y = -x + 5 \,\text{...①} \\ y = \dfrac{1}{2}x - 4 \,\text{...②} \end{cases}$　②を①に代入して，$\dfrac{1}{2}x - 4 = -x + 5$　$\dfrac{3}{2}x = 9$　$x = 6$
　　　　　　　　　　　これを①に代入して，$y = -6 + 5 = -1$　よって，$C(6, -1)$

　　　　底辺は $AB = 5 - (-4) = 9$，高さは点 C の x 座標 6 である。　よって，$\triangle ABC$ の面積 $= \dfrac{1}{2} \times 9 \times 6$

（4）②　$60 \leqq x \leqq 120$ のときのグラフは$(60, 1500)$と$(100, 500)$を通る直線なので，

$$\begin{cases} 1500 = 60a + b \cdots ① \\ 500 = 100a + b \cdots ② \end{cases}$$
①－②をすると，$1000 = -40a$　$a = -25$　これを②に代入して，

$500 = -2500 + b$　$b = 3000$　よって，$y = -25x + 3000$

これに $x = 90$ を代入して，$y = -25 \times 90 + 3000 = -2250 + 3000 = 750$

関数②

P19　ステップ1

（1）$a = 5$　　　　（2）$y = \frac{1}{2}x^2$　　　　（3）$y = 4x^2$

※（1）$y = ax^2$ へ代入し，$20 = 2^2 \times a$　　（2）$y = ax^2$ へ代入し，$8 = 4^2 \times a$　　$a = \frac{1}{2}$

P19　ステップ2

（1）$9 \leqq y \leqq 36$　　　（2）$0 \leqq y \leqq 16$　　　（3）$-8 \leqq y \leqq 0$

※（1）$x = 3$ のとき $y = 3^2 = 9$，$x = 6$ のとき $y = 6^2 = 36$

（2）$x = 4$ のとき $y = 4^2 = 16$，$x = 0$ のとき y は最小値 0 なので，$0 \leqq y \leqq 16$

（3）$x = -4$ のとき $y = -\frac{1}{2} \times (-4)^2 = -8$，$x = 0$ のとき y は最大値 0 なので，$-8 \leqq y \leqq 0$

P19　ステップ3

（1）4　　　（2）-18

※（1）変化の割合は，$\dfrac{y \text{の増加量}}{x \text{の増加量}} = \dfrac{3^2 - 1^2}{3 - 1}$　　　（2）$\dfrac{-2 \times 6^2 - (-2 \times 3^2)}{6 - 3}$

P20　ステップ4

（1）$y = x + 6$　　　（2）$y = -3x - 4$　　　（3）$B(2, 2)$

※（1）$y = x^2$ に-2と3を代入して，それぞれの座標が点$A(-2, 4)$，点$B(3, 9)$とわかる。$y = ax + b$ へ

代入して $\begin{cases} 4 = -2a + b \cdots ① \\ 9 = 3a + b \cdots ② \end{cases}$　①－②をすると，$-5 = -5a$ より，$a = 1$ と出る。これを①に代入

$4 = -2 \times 1 + b$　$b = 6$ と出るので，それぞれを $y = ax + b$ に代入

（2）（1）と同様にして，点$A(-1, -1)$，点$B(4, -16)$とわかる。これらを $y = ax + b$ へ代入して

$\begin{cases} -1 = -a + b \cdots ① \\ -16 = 4a + b \cdots ② \end{cases}$　①－②をすると，$15 = -5a$　$a = -3$　これを①に代入して，

$-1 = 3 + b$　$b = -4$ より，それぞれを $y = ax + b$ に代入

（3）点Aは $y = ax^2$ と $y = mx + 4$ 上にあるので，それぞれに代入すると，$8 = a \times (-4)^2$　$a = \frac{1}{2}$

$8 = -4m + 4$　$\begin{cases} y = \frac{1}{2}x^2 \cdots ① \\ y = -x + 4 \cdots ② \end{cases}$　①を②に代入すると，$\frac{1}{2}x^2 = -x + 4$　$x^2 + 2x - 8 = 0$

$m = -1$　　　　　　　　　　　　　　　$(x + 4)(x - 2) = 0$　$x = -4, 2$ と出る。

$x = -4$ は点Aの x 座標なので，点Bの x 座標は 2　y 座標は $y = -2 + 4 = 2$

P21　ステップ5

（1）$A(-3, 9)$　　　（2）$B(2, 4)$　　　（3）9　　　（4）6　　　（5）15

※（1）（2）$\begin{cases} y = x^2 \\ y = -x + 6 \end{cases}$　を解いて，$x = 2, -3$　点Aの x 座標は -3，点Bの x 座標は 2

（3）底辺をOPとすると，高さは点Aの x 座標が -3 より，$\frac{1}{2} \times 6 \times 3$

（4）底辺をOPとすると，高さは点Bの x 座標が 2 より，$\frac{1}{2} \times 6 \times 2$

（5）$\triangle OAB = \triangle OAP + \triangle OBP = 9 + 6$

P22　確認テスト⑤

（1）$0 \leqq y \leqq 8$　　　（2）3　　　（3）$A(-2, 2)$　　　（4）$B(6, 18)$　　　（5）24

※（1）$x = -4$ のとき，$y = \frac{1}{2} \times (-4)^2 = 8$（最大値）　$x = 0$ のとき，$y = 0$（最小値）

（2）変化の割合$= \dfrac{y \text{の増加量}}{x \text{の増加量}}$　より，$\dfrac{\frac{1}{2} \times 8^2 - \frac{1}{2} \times (-2)^2}{8 - (-2)} = \dfrac{32 - 2}{10}$

（3）（4） $\begin{cases} y = \dfrac{1}{2}x^2 \cdots① \\ y = 2x + 6 \cdots② \end{cases}$ ①を②に代入して，$\dfrac{1}{2}x^2 = 2x + 6$　$x^2 - 4x - 12 = 0$　$(x-6)(x+2) = 0$

$x = -2, 6$　グラフより，点 A の x 座標が -2，点 B の x 座標が 6

（5）$y = 2x + 6$ と y 軸との交点を P とすると，△OAB＝△OAP＋△OBP

△OAP の面積は，底辺を OP とすると，高さは点 A の x 座標が -2 より，$\dfrac{1}{2} \times 6 \times 2 = 6$

△OBP の面積は，底辺を OP とすると，高さは点 B の x 座標が 6 より，$\dfrac{1}{2} \times 6 \times 6 = 18$

資料の活用

P23 ステップ1

（1）ア　4　　イ　0.20　　ウ　0.35　　エ　24　　オ　0.90

（2）13 分以上 17 分未満の階級　　（3）75%　　（4）17 分以上 21 分未満

※（1）ア　$40 - (2 + 8 + 14 + 12)$　　イ　相対度数＝$\dfrac{\text{階級の度数}}{\text{度数の合計}}$ より，$8 \div 40$　　ウ　$14 \div 40$

エ　累積度数は，最初の階級からその階級までの度数の合計より，$2 + 8 + 14$

オ　求める階級の累積相対度数＝$\dfrac{\text{その階級の累積度数}}{\text{度数の合計}} = 36 \div 40$

（3）$(14 + 12 + 4) \div 40 \times 100$

P23 ステップ2

（1）328 cm　　　（2）341 cm

※（1）記録を小さい順に並べると，222, 225, 294, 316, 320, 336, 398, 410, 433, 456

10 人の中央値は 5 番目と 6 番目の値の平均なので，$(320 + 336) \div 2$

（2）$(222 + 225 + 294 + 316 + 320 + 336 + 398 + 410 + 433 + 456) \div 10$

P24 ステップ3

（1）4 時間　　（2）7.5 時間　　（3）10 時間　　（4）6 時間

※（1）学習時間を小さい順に並べると，1, 2, 2, 4, 5, 7, 7, 8, 9, 10, 10, 11, 12, 14

クラスの人数が偶数人なので，1,　2,　2,　4,　5,　7,　7,　8,　9,　10,　10,　11,　12,　14

前半部分の中央値が第1四分位数　全体の中央値が第2四分位数　後半部分の中央値が第3四分位数

四分位範囲＝（第 3 四分位数）－（第 1 四分位数）　　範囲＝（最大値）－（最小値）

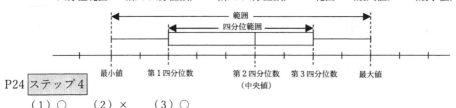

最小値　第 1 四分位数　第 2 四分位数（中央値）　第 3 四分位数　最大値

P24 ステップ4

（1）○　　（2）×　　（3）○

※（2）英語の第 3 四分位数は 80 点なので、テストを受けた 25% 以上の人が 75 点以上をとっている。

数学の第 3 四分位数は 70 点なので、75 点以上とった人はテストを受けた人の 25% 以下である。

よって、75 点以上とった人の割合は、英語と数学で等しいか、英語のほうが多い。

（3）数学の中央値は 60 点なので、生徒の半数は 60 点以上である。

P25 確認テスト⑥

I（1）0.28　　（2）22m 以上 28m 未満の階級　　（3）76%　　（4）20.8m　　II　ア，ウ，エ，オ

※I（1）相対度数＝$\dfrac{\text{階級の度数}}{\text{度数の合計}}$ より，$7 \div 25$　　（2）25 人の中央値は 13 番目の記録。

（3）記録が 28m 未満の生徒の累積度数は，$2 + 7 + 10 = 19$（人）　よって，$19 \div 25 \times 100 = 76$（%）

（4）最小の平均値＝$(10 \times 2 + 16 \times 7 + 22 \times 10 + 28 \times 6) \div 25 = 20.8$

$\boxed{II}$ ア　ステップ3の解説より，最大値(95点)－最小値(50点)＝45(点)

　　イ　65点は中央値であって平均点ではないので読み取れない。

　　ウ　このテストの最低点(最小値)が50点なので，50点未満をとった生徒はいない。

　　エ　中央値が65点になるので，このクラスの半分以上の生徒は65点以上とっていると読み取れる。

　　オ　このテストデータの第1四分位数は60点であるので，点数が下から5番目と6番目の生徒の得
　　　　点の中央値が60点。よって，この数学のテストで60点以上とった人は15人以上いる。

確率

P26 ステップ1

（1）6通り　　　　　（2）$\frac{1}{6}$　　　　（3）ウ

P26 ステップ2

（1）$\frac{1}{4}$　　　　（2）$\frac{1}{4}$　　　　　（3）6通り　　　　（4）12通り

※（1）(表，表)，(表，裏)，(裏，表)，(裏，裏)　　（2）52枚のトランプの中にスペードは13枚なので，$\frac{13}{52}$

（3）A——B　　B——C　　C——D
　　　　＼C　　　　＼D
　　　　　D

※代表者2人は区別がない。

（4）　部長　副部長　　部長　副部長　　部長　副部長　　部長　副部長
　　　A——B　　B——A　　C——A　　D——A
　　　　＼C　　　　＼C　　　　＼B　　　　＼B
　　　　　D　　　　　D　　　　　D　　　　　C

※部長，副部長の区別がある。

P27 ステップ3

（1）12通り　　　　（2）6通り　　　　（3）9通り

※（1）12, 13, 14, 21, 23, 24, 31, 32, 34, 41, 42, 43

　（2）12, 14, 24, 32, 34, 42　　　　（3）30, 36, 37, 60, 63, 67, 70, 73, 76

P27 ステップ4

（1）$\frac{7}{8}$　　　　（2）$\frac{1}{10}$

※（1）(表，表，表) (表，表，裏) (表，裏，表) (表，裏，裏) (裏，表，表) (裏，表，裏)

　　　(裏，裏，表) (裏，裏，裏)　　　または、1－(すべて裏の確率)

（2）㋐をあたり、
　　　㋩をはずれとすると

　　　　A　　　　　B
　　　㋐1——㋐2○
　　　　＼㋩1
　　　　　㋩2
　　　　　㋩3

　　　㋐2——㋐1○
　　　　＼㋩1
　　　　　㋩2
　　　　　㋩3

　　　㋩1——㋐1
　　　　＼㋐2
　　　　　㋩2
　　　　　㋩3

　　　㋩2——㋐1
　　　　＼㋐2
　　　　　㋩1
　　　　　㋩3

　　　㋩3——㋐1
　　　　＼㋐2
　　　　　㋩1
　　　　　㋩2

※順番にひくので同じ組み合わせでも区別する。

P27 ステップ5　$\frac{3}{8}$

※
表(1)——表(2)——表(3)
　　　　　＼裏(1)
　　　　裏(0)——表(1)
　　　　　　＼裏(-1)○

裏(-1)——表(0)——表(1)
　　　　　＼裏(-1)○
　　　　裏(-2)——表(-1)○
　　　　　　＼裏(-3)

P28 確認テスト⑦

$\boxed{I}$（1）$\frac{5}{36}$　　　　（2）$\frac{1}{5}$　　　　（3）$\frac{7}{10}$

$\boxed{II}$（1）$\frac{1}{3}$　　　　（2）頂点B　　　　（3）$\frac{1}{4}$

※$\boxed{I}$（1）2つのサイコロの和が8になるのは，(2,6) (3,5) (4,4) (5,3) (6,2) の5通り。

（2）赤玉を㋐，黒玉を●，
　　　白玉を○とすると，

　　　㋐1——㋐2
　　　　　＼㋐3
　　　　　●1
　　　　　●2
　　　　　○

　　　㋐2——㋐3
　　　　　＼●1
　　　　　●2
　　　　　○

　　　㋐3——●1
　　　　　＼●2
　　　　　○

　　　●1——●2
　　　　　＼○

　　　●2——○

※同時にひくので，同じ組み合わせを区別しない。

（3）2数の積が偶数になるのは，
　　　偶数×偶数または奇数×偶数

　　　1——2○
　　　　＼3
　　　　4○
　　　　5

　　　2——3○
　　　　＼4○
　　　　5

　　　3——4○
　　　　＼5

　　　4——5○

合格・数学

（1）点 P が頂点 B に移動するのは、1 または 5 が出たときの 2 通り。よって、$\frac{2}{6} = \frac{1}{3}$

（2）1 回目に 3 が出ているので、点 P は頂点 D にある。2 回目に 6 が出ているので、点 P は頂点 B にある。

（3）さいころを 2 回投げるので、出る目の出かたは、$6 \times 6 = 36$（通り）

さいころを 2 回投げて点 P が頂点 A 上にあるのは、出た目の和が、4, 8, 12 となるときである。

その目の出かたは、$(1, 3), (2, 2), (2, 6), (3, 1), (3, 5), (4, 4), (5, 3), (6, 2), (6, 6)$ の 9 通り。

よって、求める確率は、$\frac{9}{36} = \frac{1}{4}$

平面図形

P29 ステップ 1

（1）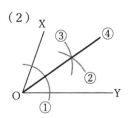　（2）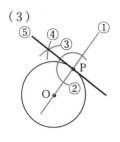　（3）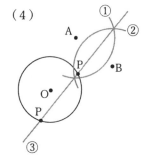　（4）

※2 点 A, B から等しい距離になる点は、
線分 AB の垂直二等分線上にある。

P30 ステップ 2

（1）9π cm²　　　（2）$\frac{9}{2}\pi$ cm²　　　（3）60°

※（1）円の面積 = π×半径² より、$\pi \times 3^2$

（2）おうぎ形の面積 = π×半径²×$\frac{中心角}{360}$ より、$\pi \times 6^2 \times \frac{45}{360}$

（3）半径 6cm の円の周の長さは、$2\pi \times 6 = 12\pi$ (cm)、おうぎ形の中心角の大きさを x として

比例式をつくると、$12\pi : 2\pi = 360 : x$　　　$12\pi x = 2\pi \times 360$

P30 ステップ 3

（1）32 cm²　　　（2）6π cm²

※（1）色がついた部分の面積は正方形の半分の面積に等しいので、$\frac{1}{2} \times 8 \times 8$

（2）（半径 4 cm の半円の面積）−（半径 2 cm の半円の面積）= $\frac{1}{2} \times \pi \times 4^2 - \frac{1}{2} \times \pi \times 2^2$

P31 確認テスト⑧

（1）49π cm²　　（2）9π cm²　　（3）3π cm　　（4）45°　　（5）$16 - 4\pi$ (cm²)

※（1）円の面積 = π×半径² より、$\pi \times 7^2$　　　（2）$\pi \times 3^2$

（3）おうぎ形の弧の長さ = 2π×半径×$\frac{中心角}{360}$ より、$2\pi \times 4 \times \frac{135}{360}$

（4）半径 12cm の円の周の長さは、$2\pi \times 12 = 24\pi$ (cm)、おうぎ形の中心角の大きさを x として

比例式をつくると、$24\pi : 3\pi = 360 : x$

（5）（1 辺 4 cm の正方形の面積）−（半径 4 cm 中心角 90°のおうぎ形の面積）= $4^2 - \pi \times 4^2 \times \frac{90}{360}$

空間図形

P32 ステップ 1

ア　直方体（四角柱）　　イ　円錐　　ウ　円柱　　エ　三角錐

P32 ステップ 2

①　辺 DC、辺 EF、辺 HG　　　②　辺 CD、辺 GH、辺 BC、辺 FG

※空間内の 2 直線が、平行でなく、交わらないとき、ねじれの位置にある。

P32 ステップ3

（1）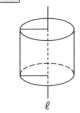

（2）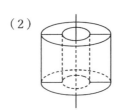

P33 ステップ4

（1）表面積 176 cm²　体積 144 cm³　（2）表面積 78π cm²　体積 90π cm³

ステップ4（2）展開図

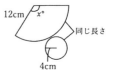

※（1）表面積＝底面積×2＋側面積より，（4×4）×2＋（4×9）×4　　体積 4×4×9

（2）表面積＝底面積×2＋側面積より，π×3²×2＋10×6π

体積　π×3²×10

P33 ステップ5

ステップ5 投影図

（1）400 cm³　　　（2）360 cm²

※（1）$\frac{1}{3}$×10²×12　　（2）10²＋$\frac{1}{2}$×10×13×4

P33 ステップ6

（1）8π cm　　　（2）120°　　　（3）64π cm²

※（1）側面のおうぎ形の弧の長さ＝底面の円の円周の長さ　2π×半径＝2π×4

（2）中心角を x°とすると，(2π×4)：(2π×12) ＝ x：360

（3）π×12²×$\frac{120}{360}$＋π×4²

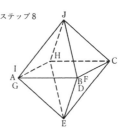

P34 ステップ7

ステップ8

（1）144π cm²　　　（2）288π cm³

※（1）球の面積　4πr²　　（2）球の体積　$\frac{4}{3}$πr³

P34 ステップ8

（1）ア, イ, エ　　　（2）①　点A, 点G　　②　辺GF

P35 確認テスト⑨

（1）表面積　48π cm²　　体積　32π cm³　（2）表面積　48π cm²　　体積　$\frac{128}{3}$π cm³

（3）①　14π cm　　②　210°　　③　133π cm²　　　（4）108 cm³

※（1）底面の円の半径r は 2πr＝8π より、r＝4　　　　　（2）表面積は $\frac{1}{2}$×4π×4²＋π×4²

表面積は π×4²×2＋2×8π　　体積は π×4²×2　　　　体積は $\frac{1}{2}$×$\frac{4}{3}$π×4³

（3）① 2π×7　　② (2π×12)：(2π×7) ＝ 360：x　　③ π×12²×$\frac{210}{360}$＋π×7²　　（4）$\frac{1}{3}$×6²×9

角と平行

P36 ステップ1

（1）①　∠z　　②　∠x　　③　∠y　　（2）①　∠a ＝ 75°　　②　∠b ＝ 85°

P36 ステップ2

（1）∠x ＝ 88°　　（2）∠x ＝ 125°　　（3）∠x ＝ 30°　　（4）∠x ＝ 145°

合格・数学

※（1）∠$x = 38° + (180° - 130°)$　　（2）∠$x = 40° + 85°$

（3）∠$y = 47° + 38° = 85°$　　∠$y = ∠x + 55°$　　$85° = ∠x + 55°$

（4）∠$x = 70° + 40° + 35°$

P37 ステップ 3

（1）720°　　（2）360°　　（3）五角形

※（1）n 角形の内角の和は $180° × (n - 2)$ より，$180° × (6 - 2)$

（2）どのような多角形でも外角の和は 360°　　（3）$180° × (n - 2) = 540°$

P37 ステップ 4

①　3組の辺が，それぞれ等しい。　　②　2組の辺とその間の角が，それぞれ等しい。

③　1組の辺とその両端の角が，それぞれ等しい。

P37 ステップ 5

合同な三角形　イとエ　　合同条件　2組の辺とその間の角が，それぞれ等しい。

P38 ステップ 6

（1）∠$x = 50°$　　（2）∠$x = 120°$　　（3）∠$x = 80°$　　（4）∠$x = 41°$

※（1）二等辺三角形より，∠$x = 180° - (65° × 2)$

（2）BC // DE より，∠ADE = ∠B, ∠AED = ∠C　よって，●$= 70° ÷ 2 = 35°$　○$= (180° - 130°) ÷ 2 = 25°$

（3）AD // BC より，∠AEB = ∠DAE　よって，●$= 180° - 130° = 50°$, ∠B $= 180° - (50° × 2) = 80°$

（4）∠B = ∠D より，∠ABE $= 68° - 30° = 38°$

　　　△ABE は二等辺三角形より，∠AEB $= (180° - 38°) ÷ 2 = 71°$　よって，∠BEC $= 109°$

P38 ステップ 7

（1）∠$x = 50°$　　（2）∠$x = 66°$

※（1）半円の弧に対する円周角は直角である。∠$x = 180° - (90° + 40°)$

（2）$\overarc{AB}$ に対する円周角より∠ADB $= 24°$, 直径 BD に対する円周角より，∠BAD $= 90°$

ステップ 7（1）

P39 ステップ 8

ア　3組の辺が，それぞれ等しい

P39 ステップ 9

ア　∠EDF　　イ　対頂角　　ウ　1組の辺とその両端の角が，それぞれ等しい

P40 確認テスト⑩

（1）∠$x = 105°$　　（2）∠$x = 24°$　　（3）①　20　　②　15　　③　86°　　④　116°

（4）ア　CE　　イ　∠ACB　　ウ　2組の辺とその間の角が，それぞれ等しい

※（1）外角の和は 360° より，∠$x = 360° - (120° + 135°)$　　（2）DB = DC より，●$= 52°$

（3）④∠BCD $= (360° - 64° × 2) ÷ 2$

図形と相似

P41 ステップ 1

①　3組の辺の比が，すべて等しい。　　②　2組の辺の比とその間の角が，それぞれ等しい。

③　2組の角が，それぞれ等しい。

ア 15　　イ 6　　ウ 112°

※ア AC：DF＝AB：DE より，2：6＝5：DE 2DE＝30　　イ 2：6＝BC：18　　6BC＝36

相似な三角形　△ABO∽△CDO，相似条件　2組の辺の比とその間の角が，それぞれ等しい。

（1）$x = 5$　　　　（2）$x = 25$　　　　（3）$x = 18$　　　　（4）$x = 10$

※（1）21：7＝15：x　　（2）18：30＝15：x　　（3）21：14＝x：12　　（4）12：6＝x：$(15 - x)$

（1）4：25　　　　（2）150 cm²　　　（3）4：21

※（1）AD：AB＝2：5 より，面積比は 2²：5²

（2）△ADE：△ABC＝4：25 より，面積は 4：25＝24：x

（3）台形 DBCE＝△ABC － △ADE　　$S_1 : S_2$＝24：$(150 - 24)$＝24：126

（1）3：4　　　（2）9：16　　　（3）192π cm³

※（1）2つの円錐の相似比は3：4なので，円周の長さの比もそれに等しい。

（2）2つの円錐の相似比は3：4なので，表面積比は 3²：4²

（3）2つの円錐の相似比は3：4なので，体積比は 3³：4³　　よって，3³：4³＝81π：Y の体積

（1）$x = 3$　　　（2）$x = 4$

※（1）x：6＝5：10　　　（2）△ABE∽△ACD なので，$(9 + 3) : (5 + x)$＝x：3　　12 × 3＝$5x + x^2$

$x^2 + 5x - 36 = 0$　　$(x + 9)(x - 4) = 0$　　　$x > 0$ より，$x = 4$

（1）△PAD と △PCB において，　　　　　　　　　　　　　　　　　　（2）9

$\overset{\frown}{\text{BD}}$ に対する円周角より，∠PAD＝∠PCB …①　　　※（2）弦 CD の長さをxとおくと，

共通な角より、∠APD＝∠CPB …②　　　　　　　　　　　　　3：4＝$(5 + 4)$：$x + 3$

①、②より，2組の角がそれぞれ等しいので，△PAD∽△PCB　　$3x = 27$　　$x = 9$

対応する辺の比は等しいので，PA：PC＝PD：PB

よって，PA×PB＝PC×PD

（1）逆：△ABC と △DEF において，∠A＝∠D ならば，△ABC≡△DEF である。

正誤：正しくない。

反例：∠A＝∠D＝90°，∠B＝30°，∠C＝60°，∠E＝∠F＝45°

（2）逆：$a + b > 0$ ならば，$a > 0$，$b > 0$ である。

正誤：正しくない。

反例：$a = -1$，$b = 2$

-13-　　　　　　　　　　　　　　　　合格・数学

P45 確認テスト⑪

（1） $x = 7$　　（2） $x = 21$　　（3） $x = 8$　　（4） $81 : 16$　　（5） $980\ \text{cm}^3$

※（1） $(16 + 8) : 8 = 21 : x$

　（2） △ABC∽△EFC より，CF : CB = 3 : 7，　CF : FB = 3 : 4，
　　　△BEF∽△BDC より，BF : BC = EF : DC，　4 : 7 = 12 : x

　（3） $25 : 10 = 20 : x$　　（4） $9^2 : 4^2$

　（5） 容器と水が入っている部分は相似なので，相似比が $1 : 2$ の図形の体積比は $1^3 : 2^3$

　　　よって，$1 : 8 = 140 :$（容器全体の体積）　容器全体の体積 $= 1120\ (\text{cm}^3)$

　　　今，容器には $140\ \text{cm}^3$ 入っているので，$1120 - 140 = 980 (\text{cm}^3)$　の水を入れることができる。

三平方の定理

P46 ステップ1

（1） $x = 5$　　（2） $x = 12$　　（3） $x = 4$　　（4） $x = 3\sqrt{2}$

三平方の定理

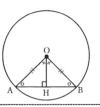

$a^2 + b^2 = c^2$

※（1） $x^2 = 4^2 + 3^2$　　（2） $x^2 = 13^2 - 5^2$

　（3） 覚えよう！　　　　　　　　（4） 覚えよう！

P46 ステップ2

（1） $x = 2\sqrt{21}$　　（2） $x = 16$

※（1） $x^2 + 4^2 = 10^2$　　（2） $10\ \text{cm}, 6\ \text{cm}, a\ \text{cm}$ の直角三角形とすると，
　　　　　　　　　　　　　　　　 $a^2 + 6^2 = 10^2$　　$a = 8$　　$x = 8 \times 2$

O と B を結ぶと上図のようになる。△OAH≡△OBH となるので，AH = BH となる。

P47 ステップ3

（1） $13\ \text{cm}$　　（2） $15\ \text{cm}$

※（1） △EFG は直角三角形なので，$EG^2 = 12^2 + 5^2$

　（2） △AEG は直角三角形なので，$AG^2 = (2\sqrt{14})^2 + 13^2$

$11^2 = 121$　　$12^2 = 144$　　$13^2 = 169$
$14^2 = 196$　　$15^2 = 225$
15^2 くらいまで覚えておくと計算が楽になります。

P47 ステップ4

　　　高さ　$4\ \text{cm}$　　　体積　$12\pi\ \text{cm}^3$

※高さ $OA^2 = 5^2 - 3^2$　　体積 $\frac{1}{3} \times 3^2 \pi \times 4 = \frac{1}{3} \times 9\pi \times 4$

P48 確認テスト⑫

（1） $x = 9$　　（2） $x = \dfrac{12}{5}$　　（3） $8\ \text{cm}$　　（4） $2\sqrt{3}\ \text{cm}$

（5）① $3\sqrt{2}\ \text{cm}$　　② $36\sqrt{2}\ \text{cm}^3$

※（1） $x^2 = 6^2 + (3\sqrt{5})^2$

　（2） $AO^2 = 6^2 + 8^2$ より，AO = 10　　OC は半径なので長さは 6
　　　△ACD∽△AOB より，OB : CD = AO : AC，　　$6 : x = 10 : (10 - 6)$

　（3） △ABH は，30°, 60°, 90°の直角三角形なので，AB : AH = 2 : $\sqrt{3}$　　　AB : $4\sqrt{3} = 2 : \sqrt{3}$

　（4） $FH^2 = EF^2 + EH^2$ より　$FH^2 = 2^2 + 2^2$　FH = $2\sqrt{2}$，　$DF^2 = FH^2 + DH^2$ より　$DF^2 = (2\sqrt{2})^2 + 2^2$

　（5）① △CBE で、$CE^2 = 6^2 + 6^2$　　CE = $6\sqrt{2}$ より，　EO = $3\sqrt{2}$　　△AEO で、$AO^2 = 6^2 - (3\sqrt{2})^2$

　　　 ② $\frac{1}{3} \times 6 \times 6 \times 3\sqrt{2} = 36\sqrt{2}$

埼玉県　令和７年　高校入試

合格できる　数学

定価　693円（本体630円＋税 10%）
製作・発行／熊本ネット株式会社
　　　　　〒860-0834 熊本市南区江越2丁目7番5号
　　　　　TEL 096-370-0771(代)
　　　　　FAX 096-370-0348
お問い合わせ／ホームページ　https//www.goukaku-dekiru.com
　　　　　メールアドレス　goukakudekiru@kumamoto-net.com

客注

書店ＣＤ： １８７２８０　　　２７

コメント： ６０３７

受注日付： ２４１２０２

受注Ｎｏ： １１１６２４

ＩＳＢＮ： ９７８４８１５３２９４９５

１／１

１２　　　　　　ココからはがして下さい

ISBN978-4-8153-2949-5
C6037 ¥630E

定価 693円
（本体 630円＋税 10%）

9784815329495

1926037006305